高职高专 安全管理类专业教学做一体化教材

GAOZHI GAOZHUAN ANQUAN GUANLILEI ZHUANYE JIAOXUEZUO YITIHUA JIAOCAI

安全人机工程

ANQUAN RENJI GONGCHENG

主　编／赵柱文　武晓敏

主　审／何建平　杜晓阳

副主编／张　荣

U0190576

重庆大学出版社

内容提要

本书结合我国高职院校教学模式的改革,依据国家示范高职院校建设倡导的"基于工作过程"的课程设计理念,以及"工学结合"的人才培养模式改革的新趋势编写而成,力图充分体现行动导向、任务驱动等课程改革潮流和设计理念。

本书从安全技术及安全管理工作的实际需要出发,系统地介绍了人因失误事故模型、人机系统中人的基本特性、人的作业特征与疲劳分析、人机界面安全设计、环境特性和安全人机系统及其设计等内容。此外,本书大量采集了来自行业、企业的真实案例,教学设计强调"教"与"学"的互动性,每一个能力单元用真实案例导入,用能力实践结束。每一任务后提供了课堂讨论、实训任务、思考与练习题等内容,加深读者对本书内容的理解、掌握和应用。

本书适用于高职高专院校安全管理类专业以及其他相关专业的学生作为教材使用,也可供政府安全生产主管部门、安全中介机构以及企事业单位从事安全技术管理的人员作为培训教材或参考书使用。

图书在版编目(CIP)数据

安全人机工程/赵柱文,武晓敏主编.—重庆:重庆大学
出版社,2014.8(2024.6 重印)
ISBN 978-7-5624-8420-2

Ⅰ.①安… Ⅱ.①赵…②武… Ⅲ.①安全工程—人-机系统
—高等职业教育—教材 Ⅳ.①X912.9

中国版本图书馆 CIP 数据核字(2014)第 152004 号

高职高专安全管理类专业教学做一体化教材

安全人机工程

主 编 赵柱文 武晓敏
主 审 何建平 杜晓阳
副主编 张 荣
策划编辑:顾丽萍
责任编辑:陈 力 版式设计:顾丽萍
责任校对:邹 忌 责任印制:张 策

*

重庆大学出版社出版发行
出版人:陈晓阳
社址:重庆市沙坪坝区大学城西路 21 号
邮编:401331
电话:(023)88617190 88617185(中小学)
传真:(023)88617186 88617166
网址:http://www.cqup.com.cn
邮箱:fxk@cqup.com.cn(营销中心)
全国新华书店经销
重庆正文印务有限公司印刷

*

开本:720mm×960mm 1/16 印张:11.5 字数:213千
2014 年 8 月第 1 版 2024 年 6 月第 6 次印刷
印数:5 251—5 750
ISBN 978-7-5624-8420-2 定价:29.00元

前　言

随着我国现代化建设的深入,生产生活各个领域的安全问题日益显现,安全问题已经成为我国构建和谐社会的主要障碍之一,安全科学则为生产生活的持续健康发展提供了必要的保障。

安全人机工程是安全工程专业的基础必修课,涉及的领域有建筑、化工、矿山、交通等。本书从安全技术及安全生产管理工作的实际需要出发,以人、机、环境三大要素所构成的系统为研究对象,以安全、高效、经济为三个主要评价指标,深入探讨人、机、环境系统中的最优组合问题。本书主要内容包括概述、人因事故模型、人机系统中人的特性研究、人的作业特征与疲劳分析、人机信息界面设计等内容。每个能力单元都有"走进课堂",以激发学生的学习兴趣,而在每个能力单元结束后都结合企业实际编写了能力实践,强化学生对本单元的实践与应用。每一任务后提供了课堂讨论、实训任务、思考与练习题等内容,力图充分体现行动导向、任务驱动、"教学做"一体化等课程改革潮流和设计理念。

本书由重庆公共运输职业学院赵栓文副教授、重庆城市管理职业学院武晓敏担任主编;由重庆化工职业学院副院长张荣担任副主编。具体编写分工如下:重庆安全工程学院鲁宁副教授编写了能力单元一,赵柱文编写了能力单元二,武晓敏编写了能力单元三,重庆五一技师学院万景霞编写了能力单元四,重庆公共运输职业学院段晓英编写了能力单元五,重庆城市管理职业学院孙莉莎编写了能力单元六,重庆工业职业技术学院陈红冲编写了能力单元七,重庆化工职业学院张荣和孟翠翠编写了能力单元八。全书由赵柱文、武晓敏统稿。

重庆市安全监督与管理局总工程师何建平、重庆安全技术职业学院院长杜晓阳教授担任主审。

在本书的编写过程中得到了重庆安全工程学院副院长、注册安全工程师鞠江的大力支持和帮助,在此,表示最诚挚的谢意!

由于编者水平所限,书中难免有疏忽和不足之处,恳请读者批评指正。

编　者
2014 年 6 月

目录 / CONTENTS

能力单元一 概 述

任务一 安全人机工程的学科背景 ······················ 1

    课堂讨论 ······················ 6

    实训任务 ······················ 6

    思考与练习题 ······················ 6

任务二 安全人机工程概述 ······················ 6

    课堂讨论 ······················ 8

    实训任务 ······················ 8

    思考与练习题 ······················ 8

任务三 能力实践——笔的发展史 ······················ 8

能力单元二 人因失误事故模型

任务一 事故致因理论 ······················ 10

    课堂讨论 ······················ 16

    实训任务 ······················ 17

    思考与练习题 ······················ 17

    案例分析题 ······················ 18

任务二 事故的预防原则 ······················ 20

    课堂讨论 ······················ 22

    实训任务 ······················ 23

    思考与练习题 ······················ 23

    案例分析题 ······················ 23

任务三 能力实践——中储粮火灾 ······················ 24

能力单元三　人机系统中人的基本特性

任务一　人体测量知识及应用 ·· 26
课堂讨论 ·· 40
实训任务 ·· 40
思考与练习题 ·· 41

任务二　人的生理特性 ·· 41
课堂讨论 ·· 48
实训任务一 ·· 48
实训任务二 ·· 49
思考与练习题 ·· 49

任务三　人的心理特性 ·· 49
课堂讨论 ·· 58
实训任务一 ·· 58
实训任务二 ·· 61
实训任务三 ·· 61
思考与练习题 ·· 61

任务四　能力实践一——商船床铺设计 ······························ 62
任务五　能力实践二——"中国好声音"天价椅 ················ 65

能力单元四　人的作业特征与疲劳分析

任务一　作业过程中人的能量代谢 ···································· 68
课堂讨论 ·· 72
实训任务 ·· 72
思考与练习题 ·· 72

任务二　劳动强度及其分级 ·· 72
课堂讨论 ·· 74
实训任务 ·· 74
思考与练习题 ·· 76

任务三　作业疲劳及其分类 ·· 77
课堂讨论 ·· 79
实训任务 ·· 79
思考与练习题 ·· 79

任务四　提高作业能力和降低疲劳的措施 ·················· 79

　　课堂讨论 ······································ 84

　　实训任务 ······································ 84

　　思考与练习题 ·································· 84

任务五　实力实践——疲劳作业送命 ···················· 85

能力单元五　人机界面安全设计

任务一　显示器设计 ·································· 87

　　课堂讨论 ······································ 97

　　实训任务 ······································ 97

　　思考与练习题 ·································· 97

任务二　控制器设计 ·································· 97

　　课堂讨论 ······································ 105

　　实训任务一 ···································· 105

　　实训任务二 ···································· 106

　　思考与练习题 ·································· 106

任务三　安全防护装置的设计 ························· 106

　　课堂讨论 ······································ 115

　　实训任务 ······································ 115

　　思考与练习题 ·································· 115

任务四　能力实践——控制室设计 ···················· 116

能力单元六　工作岗位与空间设计

任务一　工作岗位设计 ································ 122

　　课堂讨论 ······································ 126

　　实训任务 ······································ 126

　　思考与练习题 ·································· 126

任务二　作业空间设计 ································ 126

　　课堂讨论 ······································ 130

　　实训任务 ······································ 130

　　思考与练习题 ·································· 130

任务三　能力实践——检验作业岗位设计 ·············· 130

任务四　能力实践二——作业方式设计 ……………………………………………… 134

能力单元七　环境特性的研究
任务一　热环境 …………………………………………………………………………… 139
　　课堂讨论 ………………………………………………………………………………… 144
　　实训任务一 …………………………………………………………………………… 144
　　实训任务二 …………………………………………………………………………… 145
　　思考与练习题 ………………………………………………………………………… 146
任务二　光环境 …………………………………………………………………………… 146
　　课堂讨论 ………………………………………………………………………………… 150
　　实训任务 ……………………………………………………………………………… 150
　　思考与练习题 ………………………………………………………………………… 150
任务三　声环境 …………………………………………………………………………… 151
　　课堂讨论 ………………………………………………………………………………… 154
　　实训任务 ……………………………………………………………………………… 154
　　思考与练习题 ………………………………………………………………………… 154
任务四　能力实践——家具制造车间的环境设计 …………………………………… 154

能力单元八　安全人机系统及其设计
任务一　人机功能匹配 …………………………………………………………………… 159
　　课堂讨论 ………………………………………………………………………………… 163
　　实训任务 ……………………………………………………………………………… 164
　　思考与练习题 ………………………………………………………………………… 164
任务二　人机系统的安全评价 ………………………………………………………… 164
　　课堂讨论 ………………………………………………………………………………… 167
　　实训任务 ……………………………………………………………………………… 167
　　思考与练习题 ………………………………………………………………………… 167
任务三　能力实践——自行车设计 …………………………………………………… 168

参考文献

能力单元一　概　述

走进课堂

在日常生活中，自己可曾抱怨过"这东西使用起来不得劲"，"××东西再高点(低点)就好了"，"如果没有这个设计缺陷，这种事故应该是可以避免的"……类似这些问题，都是日常生活中的安全人机工程问题。

任务一　安全人机工程的学科背景

追溯到远古时代，原始人为了提高劳动效率和抵御猛兽的袭击，利用石器和木器制造了作为狩猎(即生产)和自卫(即安全)的工具，可以说这是最原始的"安全人机工程技术"措施。随着手工业生产的出现和发展，生产技术的提高和生产规模的逐步扩大，使生产过程中的安全问题也随之产生，安全防护器械也随着工具的进步而发生了质的飞跃。到了18世纪中叶，蒸汽机的发明给人类发展提供了新的动力，将人类从繁重的手工劳动中解脱出来，劳动生产率空前提高。但是，劳动者在自己创造的机器面前致死、致伤、致病、致残的事故与手工业时期相比也显著地增多。工伤事故的频繁发生，促使人们不得不重视安全人机工程。工业革命以后，科学技术日新月异地向前发展，改革工具的要求日益迫切。一方面是机器的不断涌现；另一方面则开始研究人应该如何适应机器，以创造出更高的劳动生产率。因此有些学者开始了相关研究，他们的研究方法和研究理论为后来的人机工程学的发展奠定了基础。

一、人机工程学的起源与发展

人机工程学是20世纪中期发展起来的交叉学科，但是作为一门独立的学科只有60余年的历史。英国是世界上开展人机工程学研究最早的国家之一，但本学科的奠基性工作是在美国完成的。所以，人机工程学有"起源于欧洲，形成于美国"之说。

人机工程学在美国称为"Human Engineering(人类工程学)"或"Human Factors

Engineering(人的因素工程学)",而西欧国家多称为"Ergonomics(人机工程学)"。"Ergonomics"一词是英国学者莫瑞尔于1949年首次提出的,它由两个希腊词根"ergo"和"nomics"组成,前者的意思是"出力、工作",后者的意思是"正常化、规律"。因此"Ergonomics"的含义也就是"人出力正常化"或"人的规律工作"。由于该词能反映该学科的本质,故较多国家采用这一词作为该学科的名称。而我国广泛接受并应用的是"工效学"和"人机工程学",本书采用人机工程学这一名称。人机工程学的形成与发展大致可分为经验期、创建期、成熟期3个阶段。

1. 经验期

自有人类以来,就存在着一种人机关系。在古代虽然没有系统的人机学研究方法,但人类所创造的各种器具,从形状的发展变化来看,是符合人机工程学原理的。在古埃及的石碑雕刻里就有一些器皿的造型(图1-1),从它们的造型可以很清楚地看出古埃及人在日常生活、工作中已经开始考虑人机关系了。

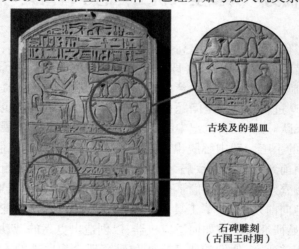

古埃及的器皿

石碑雕刻
(古国王时期)

图1-1 古埃及石刻

在我国的古典家具中,如太师椅、茶几等都可以明显地看到人机理念的影子(图1-2)。又如我国古代的指南车(图1-3),它的传动机构,运用了力学知识和反馈原理,与现代人机工程学的原理相吻合。这种实际存在的人机关系及其发展,将其称为经验人机工程学。

2. 创建期

促使人机工程学快速发展的因素是20世纪的两次世界大战。因为战争导致大量武器和设备的生产,如何使武器、兵器、军事工具和设备达到最大效应,使这些

图1-2　紫檀雕四出头官帽椅

图1-3　我国古代的指南车

产品能够最大可能地适应人的使用要求,已变成非常迫切的问题。因此军事工业得到了国家的全力资助,研究也就得到了迅速发展。

3. 成熟期

第二次世界大战结束以后,欧美各国进入了大规模的经济发展时期,在这一时期,由于科学技术的进步,使人机工程学获得了更多的发展机会。例如,为了核电厂的安全,各国从核电厂的设计、管理上,提出了一系列的人机工程技术研究课题,以减少发生事故时造成的伤害和损失。在宇航技术的研究中,提出了人在失重情况下如何操作、在超重情况下人的感觉如何等新问题。所有这一切,不仅给人机工程学提供了新的理论和新的实验场所,同时也给该学科的研究提出了新的要求和新的课题,从而促使人机工程学进入了系统的研究阶段,使学科逐渐走向成熟。

二、人机工程学的定义

国际人类工效学学会(International Ergonomics Association,IEA)于1957年为人机工程学科下的定义为:人机工程学是阐述现有情况下人类的解剖学、生理学和心理学等方面的各种特点、功能,以进行最适合人类的机械装置的设计制造,工作场所布置的合理化,工作条件最佳化的实践科学。后又修改为:研究各种工作环境中人的因素,研究人和机器及环境的相互作用,研究在工作中、家庭生活中和度假时怎样统一考虑工作效率、人的健康、安全和舒适等问题的科学。

　　人机工程学是运用人的生理学、心理学和其他有关学科知识,使机器和人相互适应,创造舒适和安全的工作与环境条件,从而提高工效的一门科学。

三、人机工程学的研究目的

　　①设计机器和设备及工艺流程、工具以及信息传递装置与信息控制设备时,必须考虑人的各种因素——生理的和心理的及人体测量参数、生物力学的需要与可能。

　　②使人操作简便、省力、快速而准确。

　　③使人的工作条件和工作环境安全、卫生和舒适。

　　④使人机系统协调,保障安全、健康和提高工作效率。

四、人机工程学的研究内容

　　人机工程学的研究内容可以概括为某一特定领域的人—机—环系统。因此,人机工程学所研究的内容也应以人—机—环系统为整体,人机工程学的研究主要包括 7 个方面(图 1-4)。

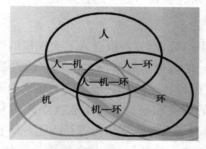

图 1-4　人—机—环系统

1. 人的特性的研究

　　在对人的特性进行研究时,着重进行人的工作能力、人的基本素质的测试与评价、人的体力负荷、智力负荷和心理负荷等研究。

2. 机的特性的研究

　　人—机—环系统工程的一个主要特点之一,就是机的设计要符合人的要求。尽管在进行机的设计时需要考虑的方面很多,但总的宗旨必须符合人使用的 3 种主要特性(即可操作性、易维护性和本质可靠性)。这 3 种特性对人—机—环系统的总体性能(即安全、高效、经济)影响极大。

3. 环境特性的研究

环境是人与机共处场所的工作条件,在人—机—环系统中,环境与人和机器之间存在着密切的联系,存在着物质、能量与信息的交换,它们相互作用、相互影响并且有机地结合为整体,这是在进行环境特性研究时必须要注意的。

4. 人—机关系的研究

人—机—环系统工程的主要特征之一是机的设计既要符合人的特点,又要考虑如何保证人的能力适合机的要求。因此在人—机—环系统工程中正确处理好人—机关系显得尤为重要。因为只有人—机关系处理好了,才能确保人—机—环系统的总体性能得到实现。

5. 人—环关系的研究

在人—机—环系统中,人是系统的主体,是机的操纵者和控制者;环境是人和机所处的场所,是人生存和工作的条件。因此,人和环境的关系是相互联系与相互作用的关系。环境对人提供必要的生存条件和工作条件,但恶劣的环境也对人产生各种不良的影响,所以开展环境对人的影响,人体对环境的影响以及环境防护方面的研究是基本和重要的研究问题之一。

6. 机—环关系的研究

机器所处的声环境、光环境、热环境等对机器的使用寿命和可靠性有着重要的影响,所以开展环境对机的影响研究是人—机—环系统的研究问题之一。

7. 人—机—环系统总体性能的研究

人—机—环系统工程不是孤立地去研究人、机、环境 3 个要素,而是从系统的总体高度,将它们看作一个相互作用、相互依赖的复杂系统,并运用系统工程方法使系统处于最优的工作状态。因此,探讨如何实现人—机—环系统的最优组合正是研究的核心问题之一。

五、安全人机工程的学科分类

安全人机工程是一门新兴的交叉学科,它是运用人机工程学的理论、观点和方法去解决人机系统中安全问题的一门学科,是人机工程学的一个分支。安全人机工程立足于对人们在劳动过程中的保护,着重从人的生理、心理、生物力学、劳动科学诸方面研究在生产过程中如何实现人、机、环境三方面因素相互协调的合理关系。

安全人机工程是从安全的角度出发,以安全科学、系统科学与行为科学为基础,运用安全原理以及系统工程的方法去研究在人—机—环系统中人与机以及人与环境应保持什么样的关系,才能保证人的安全。

课堂讨论

人机工程学在现实生活中有哪些应用?

实训任务

试列举古代或近代人们利用人机工程学设计的物品,并画出其相应的形状,做成 PPT 汇报。

思考与练习题

1. 根据人机工程学的定义,分析人机工程学的研究内容,并从定义上分析研究人机工程的目的。

2. 人机工程学的发展过程及其明显的特征。

3. 如何从系统的观点来理解人机工程学的研究?

任务二　安全人机工程概述

一、安全人机工程的定义

安全人机工程是从安全的角度,运用人机工程学的原理和方法去解决人机结合面安全问题的一门新兴学科。它作为人机工程学的一个应用学科的分支,以安全为目标、以工效为条件,将与以安全为前提、以工效为目标的工效人机工程学并驾齐驱,并成为安全工程学的一个重要分支。

二、安全人机工程研究的主要内容

安全人机工程所研究的内容也应在人—机—环系统的整体高度上,以安全为着眼点进行研究。安全人机工程的研究主要包括 4 个方面。

1. 人的安全特性研究

人的安全特性研究主要包括人体生理、心理、人体测量及生物力学、人的可靠性。

2. 机的安全特性研究

机的安全特性研究主要包括显示器和控制器等物的设计。

3. 环境的特性研究

环境的特性研究主要包括采光、照明、尘毒、噪声等对人身心产生影响的因素。

4. 人机系统的安全特性的研究

人机系统的安全特性的研究主要包括研究人机系统的整体设计、岗位设计、显示器设计、控制器设计、环境设计、作业方法及人机系统的组织管理等。

三、安全人机工程的研究方法

安全人机工程的研究方法主要有如下 5 种。

1. 实测法

实测法是借助器具、设备进行实际测量的方法。如对人体生理特征方面(人体尺度、人体活动范围、作业空间等)的测量;也可进行人体知觉反应、疲劳程度、出力大小等的测量。

2. 实验法

在一定的实验条件和设备上进行实验,以获得比较真实、全面的实验数据。如人对数字的记忆参数就可以通过实验获得。

3. 分析法

在实测法和实验法的基础上对某些参数进行分析,或者对某些动作进行分解分析,纠正不良动作,从而提高工作效率。

4. 观察分析法

观察分析法是通过观察、记录被观察者的行为表现、活动规律等,然后进行分析的方法。观察可以采用多种形式,它取决于调查的内容和目的,如可用公开或秘密的方式(但不应干扰被调查人的行为),也可借助摄影或录像等手段。

5. 系统分析评价法

对人机系统的分析评价应包括作业者的能力、生理素质及心理状态,机械设备的结构、性能以及作业环境等多方面因素。

四、安全人机工程学习的目的与要求

1. 学习目的

通过本课程的学习,使学生掌握安全人机工程的基本概念和基本理论,深刻领会人机结合面的内涵和人机匹配与安全、工效的辩证关系,掌握对人机系统隐患进行诊断、评价和防范的方法,具有进行安全人机系统设计、人机系统安全分析与评价的基本能力,具有运用安全人机工程原理解决人机系统安全问题的能力。

2. 基本要求

①掌握安全人机工程的基本概念、基本理论,领会"人机系统"与"人机结合面"的含义。

②掌握人、机的不同特性及人机功能的分配原则。

③掌握人体特性参数、人的反应、人体疲劳的测量方法。

④掌握显示装置、操纵装置、作业空间与作业环境的设计要求与设计方法。

⑤具有人机系统安全设计的初步能力。

⑥具备对一般企业中人机系统进行安全检查与评价的能力。

课堂讨论

为什么说安全人机工程也是提高工作效率的一门科学?请举例说明。

实训任务

搜集资料,查找一种在日常生活中体现上述安全人机工程理论的物品,并做成PPT,向同学们讲述哪些方面体现了安全人机的特点。

思考与练习题

1. 安全人机工程研究的主要内容和方法是什么?

2. 安全人机工程对安全工程设计的作用主要表现在哪些方面?

任务三　能力实践——笔的发展史

笔的发展史可以分3个时期。

1.最初的以杆代笔的时期

笔的诞生是从那些用来在地上画出符号的树枝、木棒、骨头等发展而来,它们开始都只是一根光光的杆子,然而正是这最简单的东西却画出了人类最古老的文字。古代苏美尔人就是用这种笔在泥板上写出了闻名世界的楔形文字,木炭棒可以画出黑迹,古埃及人曾用它将自己的象形文字记录下来,后来由于文字的载体变为了甲骨和石板,于是又出现了刀笔。刀笔也是杆式的,它的出现是为了对付坚硬的甲骨和石头。自从古人发现用木炭棒可以涂写文字后,这种方法一直被沿用下来,并且发现了石墨也可以涂写,但无论木炭棒还是石墨棒,拿在手上极易污手,聪明的人类在木炭棒和石墨棒外加上了一层外衣,多是软木质,也就是现在的铅笔,它的最大特点是字迹易于更改,橡皮一擦,笔迹全无。

2.蘸水笔的时期

随着文字载体向布料和竹简方面发展,以杆代笔的时期慢慢结束了,第二代蘸水笔开始出现了,其中首屈一指的要数毛笔。毛笔以竹节做杆,动物的毫毛为笔头,动物的毛软硬适中,吸水力强,但由于毛笔对握笔姿势、运笔速度等方面要求太高,因此蘸水笔又出现了另一种形式——羽毛笔,人们发现鸟儿翅尾的长羽质地较硬,适合于手握,羽杆又是中空的,刚好可以蘸取墨水,书写起来相当方便,于是,羽毛笔应运而生,但它有许多缺点,比如羽毛笔的水量不易控制,写出的字迹时粗时细,弄不好会将墨水滴在纸上等。

3.便携式笔的时期

自 19 世纪 80 年代中期,在羽毛笔的基础上发明了钢笔,钢笔迅速替代了传统的羽毛笔而成为 20 世纪主要的书写工具。钢笔也称自来水笔,它是根据气压原理制成的一种便携式笔,笔胆是空的小圆筒,挤压它使空气排出,松手后里面空间体积增大,压强变小,内外较大的压差使墨水吸入了笔胆,书写时被压入的墨水在重力作用下随笔尖流出,这样书写就不必不停地蘸取墨水,大大节约了时间,而且书写流畅、方便。再后来,又发明了书写更方便的圆珠笔,由于是油性书写材料,避免了钢笔会漏墨的麻烦,书写时间更长,更轻巧,更方便,更经济,深受现代人的喜爱。

笔的发展正是体现了人们如何使笔用起来更舒服、更轻便的过程,这也正是人们摸索安全人机工程应用的过程。

能力单元二　人因失误事故模型

走进课堂

　　在2013年的前10个月里，全国因闯红灯肇事导致的交通事故4 227起，造成798人死亡，平均每天2人以上死于闯红灯造成的事故，这些事故都可以用人因失误事故模型进行分析。

任务一　事故致因理论

　　事故致因理论是从大量典型事故的本质分析中所提炼出的事故机理和事故模型。这些机理和模型反映了事故发生的规律性，能够为事故原因进行定性、定量的分析，也可为事故的预测预防以及改进安全管理工作，从理论上提供科学的、完整的依据。

　　随着科学技术和生产方式的发展，事故发生的本质规律在不断变化，人们对事故原因的认识也在不断深入，但对我国影响较大的主要有以下几种。

一、事故因果类型

　　事故因果类型可分为以下 3 种。

1. 连锁型

　　一个因素促成下一因素发生，下一个因素又促成再下一个因素发生，彼此互为因果，互相连锁导致事故发生，这种事故模型称为连锁型，如图 2-1 所示。

2. 多因致果型（集中型）

　　多种各自独立的原因在同一时间共同导致事故的发生，称为多因致果型，如图 2-2 所示。

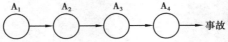

图 2-1　连锁型

3. 复合型

某些因素连锁,某些元素集中,互相交叉,造成复合事故,这种事故模型称为复合型,如图 2-3 所示。

在日常生活中,单纯连锁型或单纯多因致果型发生得较少,事故的发生多为复合型。

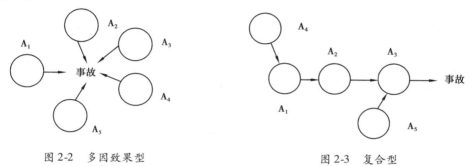

图 2-2　多因致果型　　　　　　　图 2-3　复合型

二、多米诺骨牌理论

在事故致因理论中,海因里希的多米诺骨牌理论是人们所共知的。该理论的核心思想是:伤亡事故的发生不是一个孤立的事件,而是一系列原因事件相继发生的结果,即伤害与各原因相互之间具有连锁关系。

海因里希提出的事故因果连锁过程包括如下 5 种因素(图 2-4)。

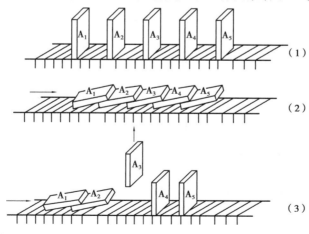

图 2-4　海因里希事故因果连锁示意图

第一，遗传及社会环境（A_1）。遗传及社会环境是造成人缺点的原因。遗传因素可能使人具有鲁莽、固执、粗心等对于安全来说属于不良的性格；社会环境可能妨碍人的安全素质培养，助长不良性格的发展。这种因素是因果链上最基本的因素。

第二，人的缺点（A_2）。即由于遗传和社会环境因素所造成的人的缺点。人的缺点是使人产生不安全行为或造成物的不安全状态的原因。这些缺点既包括诸如鲁莽、固执、易过激、神经质、轻率等性格上的先天缺陷，也包括诸如缺乏安全生产知识和技能等的后天不足。

第三，人的不安全行为或物的不安全状态（A_3）。这二者是造成事故的直接原因。海因里希认为，人的不安全行为是由于人的缺点而产生的，是造成事故的主要原因。

第四，事故（A_4）。事故是一种由于物体、物质或放射线等对人体发生作用，使人员受到或可能受到伤害的、出乎意料的、失去控制的事件。

第五，伤害（A_5）。即直接由事故产生的人身伤害。

上述事故因果连锁关系，可以用 5 块多米诺骨牌来形象地加以描述。如果第一块骨牌倒下（即第一个原因出现），则发生连锁反应，后面的骨牌相继被碰倒（相继发生）。

该理论积极的意义就在于，如果移去因果连锁中的任意一块骨牌，则连锁被破坏，事故过程被中止。海因里希认为，企业安全工作的中心就是要移去中间的骨牌——防止人的不安全行为或消除物的不安全状态，从而中断事故连锁的进程，避免伤害的发生。

海因里希的理论有明显的不足，如它对事故致因连锁关系的描述过于绝对化、简单化。事实上，各个骨牌（因素）之间的连锁关系是复杂的、随机的。前面的牌倒下，后面的牌也可能倒下，也可能不倒下。事故并不是全都造成伤害，不安全行为或不安全状态也并不是必然造成事故。尽管如此，海因里希的事故因果连锁理论促进了事故致因理论的发展，成为事故研究科学化的先导，具有重要的历史地位。

三、事故统计分析因果连锁模型

在事故原因的统计分析中，当前世界各国普遍采用如图 2-5 所示的因果连锁模型。该模型着重于伤亡事故的直接原因——人的不安全行为和物的不安全状态，以及其背后的深层原因——管理失误。我国的国家标准《企业职工伤亡事故分类》就是基于这种事故因果连锁模型制定的。

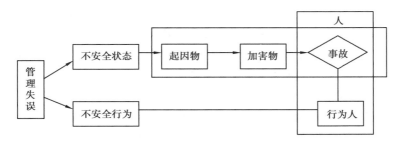

图 2-5 事故统计分析因果连锁模型

四、能量意外转移理论

1. 能量观点的事故因果连锁

在调查伤亡事故原因后发现,大多数伤亡事故都是因为过量的能量,或干扰人体与外界正常能量交换的危险物质的意外释放而引起的,而且,这种过量能量或危险物质的释放都是由于人的不安全行为或物的不安全状态造成的。人的不安全行为或物的不安全状态使得能量或危险物质失去了控制,是能量或危险物质释放的导火线。

美国矿山局的札别塔基斯(Michael Zabetakis)依据能量意外释放理论,建立了新的事故因果连锁模型(图 2-6)。

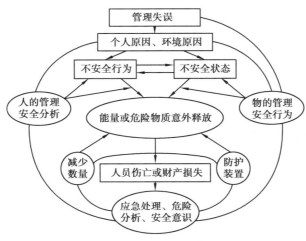

图 2-6 能量观点的事故因果连锁

（1）事故

事故是能量或危险物质的意外释放，是伤害的直接原因。为防止事故的发生，可以通过技术改进来防止能量的意外释放，通过教育训练提高职工识别危险的能力，也可通过佩戴个体防护用品来避免伤害。

（2）不安全行为和不安全状态

人的不安全行为和物的不安全状态是导致能量意外释放的直接原因，它们是管理缺欠、控制不力、缺乏知识、对存在的危险估计错误，或其他个人因素等基本原因的征兆。

（3）基本原因

基本原因包括 3 个方面的问题。

①企业领导者的安全政策及决策。它涉及生产及安全目标；职员的配置；信息利用；责任及职权范围、职工的选择、教育训练、安排、指导和监督；信息传递、设备、装置及器材的采购、维修；正常时和异常时的操作规程；设备的维修保养等。

②个人因素。能力、知识、训练；动机、行为；身体及精神状态；反应时间；个人兴趣等。

③环境因素。为了从根本上预防事故，必须查明事故的基本原因，并针对查明的基本原因采取对策。

2. 能量意外转移理论

（1）能量意外转移理论的概念

在生产过程中能量是必不可少的，人类利用能量做功以实现生产目的。人类为了利用能量做功，必须控制能量。在正常的生产过程中，能量在各种约束和限制下，按照人们的意志流动、转换和做功。如果由于某种原因使能量失去了控制，发生了异常或意外的释放，则称发生了事故。

如果意外释放的能量转移到人体，并且其能量超过了人体的承受能力，则人体将受到伤害。吉布森和哈登从能量的观点出发，曾经指出：人受伤害的原因只能是某种能量向人体的转移，而事故则是一种能量的异常或意外的释放。

（2）应用能量意外转移理论预防伤亡事故

从能量意外转移的观点出发，预防伤亡事故就是防止能量或危险物质的意外释放，从而防止人体与过量的能量或危险物质接触。在工业生产中，经常采用的防止能量意外释放的措施有以下几种：

①用较安全的能源替代危险性大的能源。例如：用水力采煤代替爆破采煤；用液压动力代替电力等。

②限制能量。例如：利用安全电压设备；降低设备的运转速度；限制露天爆破装药量等。

③防止能量蓄积。例如：通过良好接地消除静电蓄积；采用通风系统控制易燃易爆气体的浓度等。

④降低能量释放速度。例如：采用减振装置吸收冲击能量；使用防坠落安全网等。

⑤开辟能量异常释放的渠道。例如：给电器安装良好的地线；在压力容器上设置安全阀等。

⑥设置屏障。屏障是一些防止人体与能量接触的物体。屏障的设置有 3 种形式：第一，屏障被设置在能源上，如机械运动部件的防护罩、电器的外绝缘层、消声器、排风罩等；第二，屏障设置在人与能源之间，如安全围栏、防火门、防爆墙等；第三，由人员佩戴的屏障，即个人防护用品，如安全帽、手套、防护服、口罩等。

⑦从时间和空间上将人与能量隔离。例如：道路交通的信号灯；冲压设备的防护装置等。

⑧设置警告信息。在很多情况下，能量作用于人体之前，并不能被人直接感知到，因此使用各种警告信息是十分必要的，如各种警告标志、声光报警器等。

以上措施往往几种同时使用，以确保安全。此外，这些措施也要尽早使用，做到防患于未然。

五、轨迹交叉论

轨迹交叉论的基本思想是：伤害事故是许多相互联系的事件顺序发展的结果。这些事件概括起来不外乎人和物（包括环境）两大发展系列。当人的不安全行为和物的不安全状态在各自发展过程中（轨迹），在一定时间、空间发生了接触（交叉），能量转移于人体时，伤害事故就会发生。而人的不安全行为和物的不安全状态之所以产生和发展，又是受多种因素作用的结果。

如图 2-7 所示为轨迹交叉理论的模型图。起因物与致害物可能是不同的物体，也可能是同一个物体；同样，肇事者和受害者可能是不同的人，也可能是同一个人。

轨迹交叉理论反映了绝大多数事故的情况。在实际生产过程中，只有少量的事故仅仅由人的不安全行为或物的不安全状态引起，绝大多数的事故是与二者同时相关的。例如：日本劳动省通过对 50 万起工伤事故调查发现，只有约 4% 的事故与人的不安全行为无关，而只有约 9% 的事故与物的不安全状态无关。

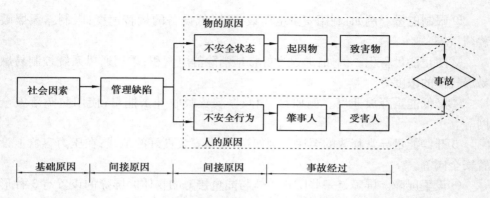

图 2-7 轨迹交叉理论事故模型

轨迹交叉理论作为一种事故致因理论,强调人的因素和物的因素在事故致因中占有同样重要的地位。按照该理论,可以通过避免人与物两种因素运动轨迹交叉来预防事故的发生。同时,该理论对于调查事故发生的原因,也是一种较好的工具。

📖 课堂讨论

某小区建筑施工重大伤亡事故原因分析

一、工程概况

某小区建筑面积为 8 000 m²,工程总造价为 8 000 万元,由某房地产开发有限公司开发建设,某建设集团有限公司总承包,某建筑安装工程有限公司分包室内外装饰、外脚手架及升降机拆除等工程。该工程于 2000 年 12 月 25 日开工,2001 年 12 月 31 日主体工程完工,2002 年 9 月 2 日装饰工程完工,2002 年 9 月 9 日开始拆除外脚手架及升降机。

二、设备情况

升降机是某机械工具有限公司制造的人货两用施工升降机(以下简称升降机),该升降机经技术鉴定后,于 2001 年 7 月取得质量技术监督局颁发的特种设备制造安全认可证,价值 300 万元。根据其产品说明书,该升降机的拆卸程序为:①将吊笼提升到高处,停放在顶部向下数第三排的横杆上,并用脚手架钢管加固。②拆除曳引机和对重笼围栏。③拆卸曳引钢丝绳、吊笼、安全钢丝绳及安全绳坠重。④切断主电源,拆除电控箱的电源线和控制线等。⑤拆卸中间滑轮、对重滑轮和上下滑轮。⑥卸天梁、顶横梁、横杆、斜杆、吊笼导轨和对重导轨、立角钢、附墙装置、井架门。⑦拆卸曳引机。

该升降机吊笼防坠装置共有4种：悬停系统、防坠安全器、应急防坠和防松、断绳保护装置。这4种安全防护装置最终都将通过安全钢丝绳发挥作用。

三、事故经过

9月9日14:30左右，机修班组负责人王一带领王二、王三、王四进入施工现场，对升降机进行降层拆卸工作（从17层降至15层）。王一在一层看护，其余3人到升降机顶进行拆卸工作。首先拆去了用于防止吊笼坠落的安全钢丝绳。15:30，在执行上述拆卸程序④的时候，曳引机卷筒钢丝绳突然在卷筒处断裂，吊笼坠落至15层，撞到垫设的两根钢管。垫设在15层上的两根钢管由于无法承受吊笼的冲击而弯曲，与吊笼一起坠落至楼底。吊笼内3人经医院抢救无效，先后死亡。3人在医院的抢救费为5万元，每人抚恤费10万元；公司停工1个月，损失300万元；升降机修复费用100万元。

★问题★

1. 确定这起事故的事故类别。

2. 确定这起事故的起因物、致害物。

3. 确定这起事故存在的不安全状态和不安全行为。

◎ **实训任务**

自己挑选一个发生在自己身上或身边的事故案例，运用事故致因理论分析事故原因。

◎ **思考与练习题**

1. 何谓事故因果类型，主要的事故因果类型有哪几种？

2. 何谓多米诺骨牌理论？根据多米诺骨牌理论，应当如何防止事故的发生？

3. 能量意外转移理论的优缺点是什么？

4. 分别从多米诺骨牌理论、能量意外转移理论、轨迹交叉理论提出事故的预防措施。

案例分析题

[案例1]

8月6日18时,驾驶员甲驾驶装满液氯的槽罐车驶入某高速公路B56段,20时许,槽罐车与驾驶员乙驾驶的货车相撞,导致槽罐车破裂,液氯泄露造成除驾驶员甲之外的两车其他人员死亡。撞车事故发生后,驾驶员甲不顾槽罐车严重损坏,液氯已开始外泄的危险情况,没有报警也没有采取措施,就迅速逃离事故现场。由于延误了最佳的应急救援时机,泄漏的液氯迅速汽化扩散,形成了大范围污染,造成了该高速公路B56附近村民30人中毒死亡,285人住院治疗,近万人紧急疏散。7日14时,应急人员赶到事故现场,组织村民紧急疏散和氯气污染区伤亡人员的搜救,并对现场进行了紧急处置。

1. 导致事故的直接原因是(　　　)。

　　A. 槽罐车与货车相撞,槽罐车破裂,液氯泄漏

　　B. 槽罐车设计不合理

　　C. 驾驶员的教育培训不够

　　D. 村民对液氯的危害认识不够

2. 根据《生产过程危险和有害因素分类与代码标准》,导致事故的化学性危险、有害因素是(　　　)。

　　A. 槽罐车液氯破裂

　　B. 标志不清

　　C. 有毒物质

　　D. 作业环境不良

3. 根据相关法律法规,应追究事故直接责任者是(　　　)。

　　A. 驾驶员甲

　　B. 驾驶员乙

　　C. 村长

　　D. 公路管理部门负责人

[案例2]

某建筑施工队在城市一街道旁的一个旅馆工地拆除钢管脚手架。钢管紧靠建筑物,临街面架设有10 kV的高压线,离建筑物距离为2 m。由于街道狭窄,暂无法解决距离过近的问题,且上午下过雨。安全员向施工工人讲过操作方式,要求立杆不要往上拉,应向下放。

下午上班后,在工地二楼屋面"女儿墙"内继续工作的泥工马某和普工刘某在屋顶上往上拉已拆卸的一根钢管脚手架立杆。向上拉开一段距离后,马、刘以墙棱为支点,将管子压成斜向,欲将管子斜拉后置于屋顶上。由于斜度过大,钢管临街一端触及高压线,当时墙上比较湿,管与墙棱交点处产生火花,将靠墙的管子烧弯25°。马某的胸口靠近管子烧弯处,身上穿着化纤衣服,当即燃烧起来,人体被烧伤。刘某手触管子,手指也被烧伤。

楼下工友及时跑上楼将火扑灭,将受害者送至医院。马某烧伤面积达50%,由于呼吸循环衰竭,抢救无效,于2月20日晚12时死于医院。刘某烧伤面积达15%,3根手指残疾。

经查,用人单位没有该种作业的作业指导书,作业时无现场监督;马某未接受足够的业务培训和安全培训,刘某从农村来到施工队仅仅4天。

针对上述事故案例,分析直接原因、间接原因、责任者。

[案例3] 广东省东莞市制衣厂"5.30"特大火灾事故

1991年5月30日凌晨,广东省东莞市石排镇田边管理区盆岭村个体户(挂名集体)王某一、王某二两对夫妇办的兴业制衣厂(来料加工企业)发生特大火灾,全厂付之一炬,造成72人死亡,47人受伤,直接经济损失达300万元。

1989年期间,王某两对夫妇自筹资金建成一幢四层楼的厂房。同年11月以王某二之名签领营业执照开办石排镇兴业制衣厂,并与香港三裕公司签订来料加工协议,生产塑料雨衣。此后,在招收工人、生产、管理等方面都由王某一负责。投产后,生产车间、仓库、工人宿舍同在一幢楼,原料、成品、废料、易燃物品胡乱放置。

5月30日,加班工人梁某吸烟后扔下烟头引燃易燃物。当日凌晨4时20分左右,厂一楼突然起火,存放在该楼层的大量生产原料PVC塑料布和成品雨衣7万多件着火,火势迅速蔓延并封住了这幢四层楼厂房的唯一出口。楼内既无消火栓、灭火器等基本消防器材,也无防火疏散通道和紧急出口,还将很多门、窗都用铁条焊死,造成工人扑火无力,逃避无门。浓烟烈火沿着楼梯和电梯井筒道大量窜入三、四层楼的工人宿舍。当时许多工人正在宿舍熟睡,没等醒来或还不知发生何事,即被熏死或烧死,最终造成64人死亡,55人从窗口跳楼逃生。逃生人员中,两人当场摔死,6人摔伤、烧伤过重,抢救无效死亡。共计造成72人死亡,84 m²的厂房被烧毁。

针对上述事故案例,分析直接原因、间接原因。

任务二   事故的预防原则

一、事故法则

事故法则即事故的统计规律,又称 1 ：29 ：300 法则。在 330 次事故中,会造成死亡重伤事故 1 次,轻伤、微伤事故 29 次,无伤事故 300 次。这一法则是美国安全工程师海因里希(H. W. Heinrich)统计分析了 55 万起事故而得出的,得到安全界的普遍承认。人们经常根据事故法则的比例关系绘制成三角形图,称为事故三角形,如图 2-8 所示。

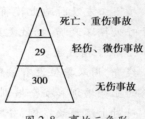

图 2-8   事故三角形

事故法则告诉人们,要消除 1 次死亡、重伤事故以及 29 次轻伤事故,必须消除 300 次无伤事故。防止灾害的关键,不在于防止伤害,而是要从根本上防止事故。

所以,安全工作必须从基础抓起,如果基础安全工作做得不好,小事故不断,就很难避免大事故的发生。

二、事故的预防原则

1. 事故防止对策

一般来说,事故发生的原因不外乎 5 个间接原因中的某一个,或者某两个以上的原因同时存在。除此之外,还必须考虑教育的原因或社会、历史等原因。各种事故防止对策应该是技术、教育和法制的对策的综合应用。通常把技术、教育和法制 3 种对策统称为 3E 安全对策,被认为是防止事故的三根支柱。全面地运用这三根支柱,能够取得防止事故的效果。如果仅片面强调其中一根支柱,例如只强调法制,是不能得到令人满意的效果的。

（1）技术的对策

在机械装置、工程项目及房屋设计建设时,要认真地研究、讨论潜在危险之所在,预测发生某种危险的可能性,从技术上采取防止这些危险的对策,并严格实施。运行前还需制订相应的检查和维护措施,运行后要不折不扣地执行。这当然需要掌握有关的化学物质和材料的知识,并精通机械装置、工程设施和工艺的危险与控制的具体方法。

（2）教育的对策

对教育的对策,在产业部门、各种学校都应当实施安全教育和训练。安全教育应当尽可能早地开始,以养成良好的安全意识和习惯,还应该通过物理、化学等各种实验、运动竞赛、旅行、骑自行车及驾驶汽车等实行具体的安全教育和训练。

（3）法制的对策

法制对策是建立在各种标准基础上的。所有法律法规都是强制性的,必须严格执行,违反法律法规就要承担相应的后果。强制执行的标准叫作指令性标准,劝告性的非强制的标准叫作推荐标准。法律法规和标准保障了安全生产的法制环境。

2. 危险因素防护原则

（1）消灭潜在危险的原则

采用科学的方法设置安全装置,消除人周围环境中的危险和有害因素,从而最大可能地保证安全。即使人已因不安全行动而违章操作,或机器某个部件发生了故障,也会由于安全装置的作用而避免伤亡事故的发生。如人或者身体的一部分进入危险区域,光电等保护装置立即作用,断开动力电源并启动紧急刹车装置。

（2）降低危险的原则

当不能消除危险因素,可以采取措施降低危险,例如减少易燃、易爆等危险物质的储存量。

（3）距离防护原则

生产中的危险和有害因素的作用,随着距离的增加而减弱,可采取自动化和遥控技术,使操作人员远离作业地点,例如对爆炸危害、电磁辐射和噪声的防护等均可应用距离防护的原则来减弱其危害。

（4）时间防护原则

这一原则就是缩短人处于危险和有害因素环境中的时间,从而减少事故伤害的几率。

（5）屏蔽危险源原则

这一原则是指在危险和有害因素的范围内设置障碍,以保障人的安全,如使用足够厚度的钢筋混凝土防护 γ 射线等。

（6）坚固原则

这个原则是以安全为目的,提高结构强度。例如提高起重设备的钢丝绳的坚固性、增加电梯的承载力等。

（7）薄弱环节原则

利用薄弱的元件,使它们在危险因素发生作用之前预先破坏,例如保险丝、安全卸压阀等。

(8)隔断危险的原则

这一原则是使人不致进入危险和有害因素的地带,或者消除人操作区域的危险和有害因素,例如安全防护网等。

(9)闭锁原则

这一原则是使保护装置与工作装置形成连锁关系作用,以保证安全操作,安全门不关闭就不能合闸开启等。

(10)机器取代人的原则

当不能消除危险和不安全因素时,可用机器人或自动控制器来代替人。

(11)警示信息原则

运用技术信息如红绿灯、警报、广播和危险警示标志,以及定期的教育培训交流等方式,传递信息,避免危险。

(12)个体防护原则

如佩戴防护装置设备呼吸器、防护服等。

📖 **课堂讨论**

某电化厂液氯工段发生液氯钢瓶爆炸

某年夏末秋初,某电化厂液氯工段发生液氯钢瓶爆炸。该工段 414 m^2 厂房全部摧毁,相邻的冷冻厂厂房部分倒塌,两个厂房内设备、管线全部损毁,并造成四周办公楼及厂区四周 280 余间民房不同程度损坏。液氯工段当班的 8 名工人当场死亡。更为严重的是爆炸后氯气扩散 7 km^2,由于电化厂设在市区,与四周居民区距离较近,事故共导致千余人氯气中毒,数十人死亡。直接经济损失达 63 万元(时值)。

最初爆炸的一只液氯钢瓶是由用户送到电化厂来充装液氯的。由于该用户在生产设备与液氯钢瓶连接管路上没有安装逆止阀、缓冲罐或其他防倒灌装置,致使氯化石蜡倒灌入液氯钢瓶中,这属于违章行为。而且送来此钢瓶时也未向充装单位说明情况,留下重大事故隐患。

负责充装钢瓶的电化厂液氯工段工人违章操作,在充装液氯前没有按照操作规程对欲充装的钢瓶进行检查和清理,就进行液氯充装。充装时,钢瓶内的氯化石蜡和液氯发生化学反应,温度、压力升高,致使钢瓶发生爆炸,并导致四周钢瓶相继爆炸,造成严重后果,影响恶劣。

经调查,双方工人均未经特种作业人员培训和考核。当地政府和化工厂均没有事故应急救援预案或措施。

★问题★

1.试根据上述材料,分析该起事故的直接原因和间接原因。

2.试提出防范此类事故发生的措施。

◎ 实训任务

挑选一个自己身边发生的事故,根据事故预防原则提出防范此类事故发生的措施。

◎ 思考与练习题

1.什么是 3E 对策?

2.危险因素防护原则有哪些?

◎ 案例分析题

[案例1]　河南省焦作市提升料盘坠落

2000 年 3 月 12 日 17 时 48 分,河南省焦作市解放区中原实业公司建筑分公司,在陶瓷南路供电局家属楼施工,因违章操作,利用提升料盘乘人,钢丝绳拉断,提升料盘坠落,导致 3 人死亡。

2000 年 3 月 12 日 17 时 30 分以后,中原实业公司施工队队长张一某、提升司机张二某、瓦工张三某准备上六层,他们不从楼梯上楼,而违章乘提升料盘上楼。这时,提升机操作手王某正准备由四层往六层运木料。司机张二某走过去,将提升架由四层落下,让王某送他们上六层。王某不同意,说:"提升架不能乘人。"张二某见王某不给开,就强行让旁边的于某开(于某系非操作司机)。

于某开机前,看见提升料盘上已站着张一某等 3 人。于某将提升架升到二层停了一下,架上的人向上摆手,于某又将提升架升到三层停一下,架上的人又向上摆手,当升到六层时,提升架被一根施工架杆挡住,停机的同时,钢丝绳被拉断,提升架突然坠落,造成 3 人死亡。

★问题★

1.对此事故的原因进行分析。

2. 防止此类事故再次发生的措施是什么？

[案例 2]

某啤酒厂灌装车间，有传送带、洗瓶机、烘干机、灌装机、装箱机、封箱机等设备。为减轻职业危害的影响，企业为职工配备了防水胶靴、耳塞等劳动保护用品。2007 年 7 月 8 日，在维修工甲对洗瓶机进行维修时，将洗瓶机长轴上的一颗内六角螺栓丢失，为了图省事，甲用 8 号铅丝插入孔中，缠绕固定。

7 月 22 日，新到岗的洗瓶机操作女工乙在没有接受岗前安全培训的情况下就开始操作。乙没有扣好工作服纽扣，致使工作服内的棉衣角翘出，被随长轴旋转的 8 号铅丝卷绕在长轴上，情急之下乙用双手推长轴，致使乙整个人都随着旋转的长轴而倒立。由于乙未按规定佩戴工作帽，因此倒立时头发自然下垂，被旋转的长轴紧紧缠绕，导致乙头部严重受伤而当场死亡。

事故处理完毕后，企业领导决定建立职业健康安全管理体系，引入现代化的管理理念和科学的管理方法，以提升企业的整体安全管理水平。（2007 年注册安全工程师案例分析题）

根据以上场景，回答下列问题：

1. 指出该起事故的直接原因和间接原因。

2. 防止此类事故再次发生的措施是什么？

任务三　能力实践——中储粮火灾

2013 年 5 月 31 日发生的火灾事故共有 78 个储粮囤表面过火，储量为 4.7 万吨。其中，玉米囤 60 个，储量 3.4 万吨；水稻囤 18 个，储量 1.3 万吨。此次火灾无人员伤亡，经济损失过亿元。

1. 起火原因

中储粮林甸直属库"5·31"火灾原因系配电箱短路打火引发火灾。

据了解，火灾发生后，消防部门在灭火的同时，随即展开火灾调查工作，通过询问大量现场目击证人以及勘查火灾现场，在排除放火的可能后，首先确定起火部位位于 12 号堆垛南侧，将在起火部位提取的粮食输送机的配电箱送经公安部沈阳火灾物证鉴定中心进行鉴定，结合鉴定结论，最终查明该起事故是由于穿过金属配电箱的导线与配电箱箱体摩擦，致使导线绝缘皮破损，短路打火，引燃配电箱附近可燃的苇席和麻袋,进而引发火灾。

2. 火灾事故的主要教训

粮库发生"连营火灾",令人痛惜。据了解,中储粮库此前尚未有过"火灾史",这系首次。骤然而至的大火,让民众颇觉蹊跷:粮库管理中,防险避灾是必修课,可这次火灾,却表现了粗放的管理样式。

如果说,配电箱短路只是小概率事件,那管理失当则为火灾埋下了伏笔。储备粮露天陈放,消防又存短板,隐患自然加剧。涉事官员称,因粮食存量远超过库存,粮库超负荷运载。在此情境下,消防力量未能扩容,于火灾高发期的酷暑,风险难免集聚。

祸患积于忽微,尽管火灾肇因并不必然指向"消防隐患",可这些疏漏易成火灾引线。按照中储粮内部规定,消防责任人会对粮库进行严格的定期防火检查。它是否被无缝执行,亟待拷问。而今,包括粮库主任等多人因涉重大责任事故罪遭刑拘。在追溯问责下,相信管理者会引以为鉴。

中储粮火灾,明火易除,"暗火"却难消:它是个案,抑或乱象的"冰山一角",现在仍难断言。若是暗流涌动,公众的负面联想也就难止。可以想见,要消弭公众的疑虑,还得以火灾为契机,纠察乱象,亡羊补牢,对接公众期望。

能力单元三　人机系统中人的基本特性

走进课堂

娱乐节目"中国好声音"每个评委的椅子价值80万，4把椅子就是320万，这4把椅子为什么那么值钱呢？

任务一　人体测量知识及应用

人体测量是一门新兴的学科,它是通过测量人体各部位尺寸来确定个体之间和群体之间在人体尺寸上的差别,用以研究人的形态特征,从而为各种安全设计、工业设计和工程设计提供人体测量数据。人体测量的目的就是提高设计对象的宜人性,让使用者能够安全、健康、舒适地工作,从而减少人体疲劳和误操作,提高整个人机系统的安全性和工作效率。

一、人体测量的基本术语

《用于技术设计的人体测量基础项目》(GB/T 5703—1999)规定了人机工程学使用的中国成年人和青少年的人体测量术语。该标准规定,只有在被测者姿势、测量基准面、测量方向、测点等符合以下要求时,测量数据才是有效的。

1. 被测者姿势

(1)立姿

立姿指被测者挺胸直立,头部以眼耳平面定位,眼睛平视前方,肩部放松,上肢自然下垂,手伸直,手掌朝向体侧,手指轻贴大腿侧面,自然伸直,左、右足后跟并拢,两足前端分开大致呈45°夹角,体重均匀分布于两足。

(2)坐姿

坐姿指被测者挺胸坐在被调节到腓骨头高度的平面上,头部以眼耳平面定位,眼睛平视前方,左、右大腿大致平行,足平放在地面上,手轻放在大腿上。

2. 测量基准面

人体测量基准面是由3个互为垂直的轴(铅垂轴、纵轴和横轴)来决定的。人体测量中设定的轴线和基准面如图 3-1 所示。

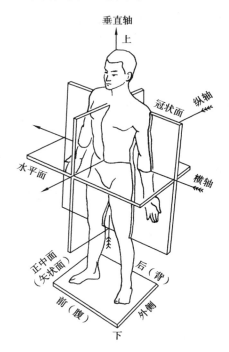

图 3-1　人体测量基准面和基准轴

（1）水平面

与矢状面及冠状面同时垂直的所有平面称为水平面。水平面将人体分成上、下两部分。

（2）冠状面

通过铅垂轴和横轴的平面及与其平行的所有平面都称为冠状面。冠状面将人体分成前、后两部分。

（3）矢状面

通过铅垂轴和纵轴的平面及与其平行的所有平面都称为矢状面。

（4）正中矢状面

在矢状面中，把通过人体正中线的矢状面称为正中矢状面。正中矢状面将人体分成左、右对称的两部分。

（5）眼耳平面

通过左、右耳屏点及右眼眶下点的水平面称为眼耳平面。

3. 测量尺寸

人机工程学范围内的人体形态测量数据主要有静态尺寸和动态尺寸两类。静态尺寸是指人体构造上的尺寸；静态尺寸是指人体功能上的尺寸（即人在活动中的尺寸）。

4. 支承面和着装

立姿时站立的地面或平台以及坐姿时的椅平面应是水平、稳固的，且不可压缩。要求被测量者裸体或穿着尽量少的内衣（例如只穿内裤和汗背心）测量，在后者情况下，在测量胸围时，男性应撩起汗背心，女性应松开胸罩后进行测量。

5. 基本测点及测量项目

GB 3975—1983 规定了有关中国人人体测量参数的测点及测量项目，其中包括：头部测点 16 个，测量项目 12 项，其中躯干和四肢部位的测点共 22 个，测量项目 69 项，其中立姿 40 项、坐姿 22 项、手部和足部 6 项以及体重 1 项。具体测量时可参阅该标准的有关内容。

二、人体尺寸测量的主要方法

人体测量的主要方法有普通测量法、摄影法（图 3-2）和三维数字化人体测量法（图 3-3）。一般情况下，三维数字化人体测量法的误差仅为 1 mm。

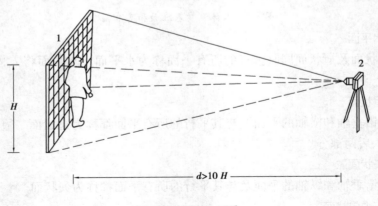

图 3-2　摄影法测量

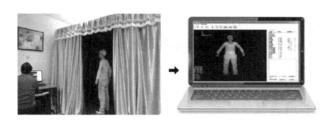

图 3-3　三维数字化人体测量法

三、人体测量中的主要统计函数

在人体测量中所得到的测量值都是离散的随机变量,因而可根据概率论与数理统计理论对人体测量数据进行统计分析,从而获得所需群体尺寸的统计规律和特征参数。

1. 均值

表示样本的测量数据集中地趋向某一个值,该值称为平均值,简称均值。均值是描述测量数据位置特征的值,可用来衡量一定条件下的测量水平和概括地表现测量数据的集中情况。对于有 n 个样本的测量值:$x_1, x_2, \cdots, x_n$,其均值为:

$$\bar{x} = \frac{x_1 + x_2 + \cdots + x_n}{n} = \frac{1}{n} \sum_{i=1}^{n} x_i$$

2. 方差

描述测量数据在中心位置(均值)上下波动程度差异的值称为均方差,通常称为方差。

$$S^2 = \frac{1}{n-1} \sum_{i=1}^{n} (x_i - \bar{x})^2 \text{ 化简后可得:} S^2 = \frac{1}{n-1} \left(\sum_{i=1}^{n} x_i^2 - n\bar{x} \right)$$

3. 标准差

方差的量纲是测量值量纲的平方,为使其量纲和均值相一致,取其均方根差值,即标准差来说明测量值对均值的波动情况。所以,方差的平方根称为标准差。

$$s = \sqrt{\frac{1}{n-1} \sum_{i=1}^{n} (x_i - \bar{x})^2}$$

4. 抽样误差

抽样误差又称标准误差,即所有样本均值的标准差。

$$s_{\bar{x}} = \frac{s}{\sqrt{n}}$$

5. 百分位数和适应度

人体测量数据可大致上视为服从正态分布。而在实际中,即使经过人机工程学的严格设计的任何一个机械或产品都不可能适合所有的人使用。工程上常以正态分布的某个百分位 α 处的人体尺寸数值 x 作为设计用人体尺度的一个界值,以控制设计的适应范围,该界值称为百分位数。百分位数可由下式取得:

$$x_{\alpha} = \bar{x} + k \cdot s$$

式中 x_{α}——对应于百分位 α 的百分位数;

　　　$\bar{x}$——样本均值;

　　　s——样本标准差;

　　　k——与 α 有关的变换系数,见表 3-1。

表 3-1　百分比与变换系数

百分比/%	k	百分比/%	k
0.5	2.576	70	0.524
1.0	2.326	75	0.674
2.5	1.960	80	0.842
5	1.645	85	1.036
10	1.282	90	1.282
15	1.036	95	1.645
20	0.842	97.5	1.960
25	0.674	99.0	2.326
30	0.524	99.5	2.576

四、常用人体测量数据

GB 10000—1988 是关于我国成年人人体尺寸的国家标准,于 1989 年 7 月开始实施。该标准为我国各种设备、工业产品、建筑室内、环境艺术、武器装备以及各种家具、工具用具的人机工程学设计提供了中国成年人人体尺寸的基础数据。

GB 10000—1988 提供了 7 类共 47 项人体尺寸基础数据,标准中所列出的数据是代表从事工业生产的法定中国成年人(男 18—60 岁,女 18—55 岁)的人体尺寸(图 3-4 至图 3-6),并按男、女性别分开列表(表 3-2 至表 3-5)。

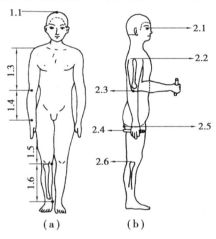

图 3-4 立姿人体尺寸

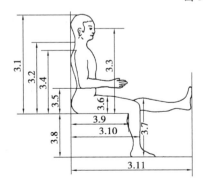

图 3-5 坐姿人体尺寸

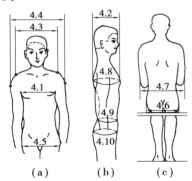

图 3-6 人体水平尺寸

表 3-2　人体主要尺寸　　　　　　　　　　　　　单位:mm

年龄分组 百分位数 测量项目	男(18—60 岁)							女(18—55 岁)						
	1	5	10	50	90	95	99	1	5	10	50	90	95	99
1.1　身高/mm	1 543	1 583	1 604	1 678	1 754	1 775	1 814	1 449	1 484	1 503	1 570	1 640	1 659	1 697
1.2　体重/kg	44	48	50	59	70	75	83	39	42	44	52	63	66	71
1.3　上臂长/mm	279	289	294	313	333	338	349	352	262	267	284	303	302	319
1.4　前臂长/mm	206	216	220	237	253	258	268	185	193	198	213	229	234	242
1.5　大腿长/mm	413	428	436	465	496	505	523	387	402	410	438	467	476	494
1.6　小腿长/mm	324	338	344	369	396	403	419	300	313	319	344	370	375	390

表 3-3　立姿人体尺寸　　　　　　　　　　　　　单位:mm

年龄分组 百分位数 测量项目	男(18—60 岁)							女(18—55 岁)						
	1	5	10	50	90	95	99	1	5	10	50	90	95	99
2.1　眼高	1 436	1 474	1 495	1 568	1 643	1 664	1 705	1 337	1 371	1 388	1 454	1 522	1 541	1 579
2.2　肩高	1 244	1 281	1 299	1 367	1 435	1 455	1 494	1 166	1 195	1 211	1 271	1 333	1 350	1 385
2.3　肘高	925	954	968	1 024	1 079	1 096	1 128	873	899	913	960	1 009	1 023	1 050
2.4　手功能高	656	680	693	741	787	801	828	630	650	662	704	746	757	778
2.5　会阴高	701	728	741	790	840	856	887	648	673	686	732	779	792	819
2.6　胫骨点高	394	409	417	444	472	481	498	363	377	384	410	437	444	459

表 3-4　坐姿人体尺寸　　　　　　　　　　　　　单位:mm

年龄分组 百分位数 测量项目	男(18—60 岁)							女(18—55 岁)						
	1	5	10	50	90	95	99	1	5	10	50	90	95	99
3.1　坐高	836	858	870	908	947	958	979	789	809	819	855	891	901	920
3.2　坐姿颈椎点高	599	615	624	657	691	701	719	563	579	587	617	648	657	675
3.3　坐姿眼高	729	749	761	798	836	847	868	678	695	704	739	773	783	803

续表

测量项目	男（18—60 岁）							女（18—55 岁）						
百分位数 年龄分组	1	5	10	50	90	95	99	1	5	10	50	90	95	99
3.4　坐姿肩高	539	557	566	598	631	641	659	504	518	526	556	585	594	609
3.5　坐姿肘高	214	228	235	263	291	298	312	201	215	223	251	277	284	299
3.6　坐姿大腿厚	103	112	116	130	146	151	160	107	113	117	130	146	151	160
3.7　坐姿膝高	441	456	461	493	523	532	549	410	424	431	458	485	493	507
3.8　小腿加足高	372	383	389	413	439	448	463	331	342	350	382	399	405	417
3.9　座深	407	421	429	457	486	494	510	388	401	408	433	461	469	485
3.10　臀膝距	499	515	524	554	585	595	613	481	495	502	529	561	570	587
3.11　坐姿下肢长	892	921	937	992	1 046	1 063	1 096	826	851	865	912	960	975	1 005

表 3-5　人体水平尺寸　　　　　　　　　　　　　　单位：mm

测量项目	男（18—60 岁）							女（18—55 岁）						
百分位数 年龄分组	1	5	10	50	90	95	99	1	5	10	50	90	95	99
4.1　胸宽	242	253	259	280	307	315	331	219	233	239	260	289	299	319
4.2　胸厚	176	186	191	212	237	245	261	159	170	176	199	230	239	260
4.3　肩宽	330	344	351	375	397	403	415	304	320	328	351	371	377	387
4.4　最大肩宽	383	398	405	431	460	469	486	347	363	371	397	428	438	458
4.5　臀宽	273	282	288	306	327	334	346	275	290	296	317	340	346	360
4.6　坐姿臀宽	284	295	300	321	347	355	369	295	310	318	344	374	382	400
4.7　坐姿两肘间宽	353	371	381	422	473	489	518	326	348	360	404	460	378	509
4.8　胸围	762	791	806	867	944	970	1 018	717	745	760	825	919	949	1 005
4.9　腰围	620	650	665	735	859	895	960	622	659	680	772	904	950	1 025
4.10　臀围	780	805	820	875	948	970	1 009	795	824	840	900	975	1 000	1 044

　　GB 10000—1988 将全国成年人人体尺寸分布划分为西北区、东南区、华中区、华南区、西南区和东北、华北区共 6 个区域，并给出了各区域成年人的体重、身高和

胸围 3 项参数的均值和标准差,见表 3-6。

表 3-6 　各区域的体重、身高和胸围 3 项参数的均值和标准差

项目		东北、华北		西北		东南		华中		华南		西南	
		均值	标准差	均值	标准差	均值	标准差	均值	标准差	均值	标准差	均值	标准差
男 (18—60 岁)	体重/kg	64	8.2	60	7.6	59	7.7	57	6.9	56	6.9	55	6.8
	身高/mm	1 693	56.6	1 684	53.7	1 686	55.2	1 669	56.3	1 650	57.1	1 647	56.7
	胸围/mm	888	55.5	880	51.5	865	52.0	853	49.2	851	48.9	855	48.3
女 (18—55 岁)	体重/kg	55	7.7	52	7.1	51	7.2	50	6.8	49	6.5	50	6.9
	身高/mm	1 586	51.8	1 575	51.9	1 575	50.8	1 560	50.7	1 549	49.7	1 546	53.9
	胸围/mm	848	66.4	837	55.9	831	59.8	820	55.8	819	57.6	809	58.8

注:东北、华北区包括北京、天津、河北、黑龙江、吉林、辽宁、内蒙古、山东 8 个省(自治区);西北区包括甘肃、青海、陕西、山西、西藏、宁夏、河南、新疆 8 个省(自治区);东南区包括安徽、江苏、上海、浙江 4 个省份;华中区包括湖南、湖北、江西 3 个省份;华南区包括广东、广西、福建 3 个省(自治区);西南区包括贵州、四川、云南 3 个省份。

[例 3.1] 　设计适用于 90% 华北男性使用的产品,试问应按怎样的身高范围设计该产品尺寸?

解: 由表查知华北男性身高平均值

$M = 1\ 693$ mm,标准差 $S = 56.6$ mm。要求产品适用于 90% 的人,故以第 5 百分位和第 95 百分位确定尺寸的界限值,由表查得变换系数 $k = 1.645$。

即第 5 百分位数为:$P = 1\ 693 - (56.6 \times 1.645) = 1\ 600$ mm

第 95 百分位数为:$P = 1\ 693 + (56.6 \times 1.645) = 1\ 786$ mm

结论:按身高 1 600 ~ 1 786 mm 设计产品尺寸,将适应用于 90% 的华北男性。

讨论:平均值是作为设计的基本尺寸,而标准差是作为设计的调整量的。

注意:例中被排除的 10% 的人,是 10% 的矮小者还是高大者或者大小各排除 5% 即取中间值,取决于排除后对使用者的影响和经济效益。

当需要得到某项人体测量尺寸 M_1 所处的百分率 P 时,可按下列步骤及公式求得:

$$Z = \frac{M_1 - M}{S}$$

然后根据 Z 值查表得 p 的值,再按下列公式求百分率 P;即 $P = 0.5 + p$

[例 3.2] 　已知男性 A 身高为 1 720 mm,试求有百分之多少的西北男性超过其高度?

解：由表查得西北男性身高平均值 $M = 1\,684$ mm，标准差 $S = 53.7$ mm，那么

$$Z = \frac{1\,720 - 1\,684}{53.7} = 0.670$$

再根据 $Z = 0.670$ 查表得 $p = 0.248\,6(0.249)$，即 $P = 0.5 + 0.249 = 0.749$。

结论：身高在 1 720 mm 以下的西北男性为 74.9%，超过男性 A 身高的西北男性则为 25.1%。

五、人体测量数据的应用

1. 人体测量数据的选用原则

运用人体测量数据进行设计时，应遵循以下几个原则。

（1）极限设计原则

极限设计原则主要内容包括设计的最大尺寸参考人体尺寸的低百分位；设计的最小尺寸参考人体的高百分位。例如，人体身高常用于通道和门的最小高度设计，为尽可能使所有人（99% 以上）通过时不发生撞头事件，通道和门的最小高度设计应采用高百分位身高数据；而在设计汽车的吊环时，为使所有人（99% 以上）都能抓到吊环，应选用立姿双臂垂直作业域的最小值。

（2）可调原则

设计优先采用可调式结构。一般来说，设计和确定作业空间尺寸的根据，必须保证至少 90% 用户的适应性、兼容性、操作性和维护性，即人体主要尺寸的设计极限应根据第 5 至第 95 百分位的值确定。

（3）平均尺寸原则

设计中采用平均尺寸计算（多数专家不主张按平均尺寸设计），但如门拉手高度、锤子和刀的手柄等采用平均尺寸进行设计则比较合理。

（4）使用最新人体数据原则

在美国、英国等发达国家，都已建立了较为完善的人体测量体系，并定期进行人体尺寸数据的采集和更新。在使用人体测量数据时，要考虑其测量年代，然后加以适当修正。因此，在人体尺寸设计运用时一定要使用最新的人体数据进行设计。

（5）地域性原则

人体测量数据的差异受年龄、性别、年代、地区与种族和职业的影响，设计时必须考虑实际服务的区域和民族分布等因素。

（6）功能修正与最小心理空间相结合原则

在进行人体尺寸测量时，要求被测量者裸体或穿着尽量少的内衣（例如只穿内

裤和汗背心)测量,而设计中必须考虑穿衣戴帽和穿鞋条件下的人体尺寸。因此,在考虑有关人体尺寸时,必须给衣服、帽子和鞋子等留出适当的余量,也就是在人体尺寸上增加适当的着装修正量。在实际中,人的可能姿势、动态操作、着装等需要设计裕度,所有这些设计裕度总计为功能修正量。

为了消除人们心理上的"空间压抑感""高度恐惧感"和"过于接近时的窘迫感和不舒适感"等心理感受,或者是为了满足人们"求美""求奇"等心理需求,涉及人的产品和环境空间设计,必须再附加一项必要的心理空间尺寸,即心理修正量。

在后面座椅的设计中将详细介绍如何进行功能修正和心理修正。

2. 人体尺度在工程设计中的应用

(1)人体尺度应用的原则(从工程设计应用角度讲)

①满足度。满足度是产品设计尺寸满足特定使用者群体的百分率,也就是说从人体工程学的角度看,你的设计适合多少人。

②产品尺寸设计任务的分类。

Ⅰ型产品尺寸设计(就是上面所说的可调准则):尺寸在上限值和下限值之间可调,上下限百分位分别为5%和95%时,满足度为90%。

Ⅱ型产品尺寸设计(最大最小准则)见表3-7。

表3-7   人体尺寸百分位数选择

产品类型	产品类型定义	说　明
Ⅰ型产品尺寸设计	需要两个百分位数作为尺寸上限值和下限值的依据	属双限值设计
Ⅱ型产品尺寸设计	只需要一个百分位数作为尺寸上限值或下限值的依据	属单限值设计
ⅡA型产品尺寸设计	只需要一个人体尺寸百分位数作为尺寸上限值的依据	属大尺寸设计
ⅡB型产品尺寸设计	只需要一个人体尺寸百分位数作为尺寸下限值的依据	属小尺寸设计
Ⅲ型产品尺寸设计	只需要一个第50百分位数作为产品尺寸设计的依据	平均尺寸设计

（2）人体尺寸的应用方法和程序

1）确定所设计对象的类型和适应度

确定设计对象的功能尺寸的主要依据是人体尺寸百分位数,而它的选用又与设计对象的类型密切相关。首先应确定所设计的对象是属于哪一类型,见表3-7。

2）选择人体尺寸百分位数

在确认所设计的产品类型及其等级之后,选择人体尺寸百分位数的依据是适用度。人机工程学设计中的适用度,是指所设计产品在尺寸上能满足多少人使用,通常以适合使用的人数占使用者群体的百分比表示,见表3-8。

表3-8　产品尺寸设计分类

设计类型	产品重要程度	百分位数的选取	适应度
Ⅰ型	涉及人的安全、健康的一般用途	选用 x_{99} 和 x_1 作为尺寸上、下限值的依据	98%
		选用 x_{95} 和 x_5 作为尺寸上、下限值的依据	90%
ⅡA型	涉及人的安全、健康的一般用途	选用 x_{99} 和 x_{95} 作为尺寸上限值的依据	99% 或 95%
		选用 x_{90} 作为尺寸上限值的依据	90%
ⅡB型	涉及人的安全、健康的一般用途	选用 x_1 和 x_5 作为尺寸下限值的依据	99% 或 95%
		选用 x_{10} 作为尺寸下限值的依据	90%
Ⅲ型产品	一般用途	选用 x_{50} 作为产品尺寸设计的依据	通用
成年男、女通用产品	一般用途	选用男性的 x_{99},x_{95} 或 x_{90} 为尺寸上限值	通用
		选用女性的 x_1,x_5 或 x_{10} 为尺寸下限值	

3. 人体数据应用举例

一个普通人一生坐在电脑椅或工作椅上的时间超过 40 000 h,一个办公职员一生坐在工作椅上的时间超过 60 000 h,而一个 IT 从业者坐在工作椅上的时间超过 80 000 h。根据最近健康报告分析,长时间坐在设计不合理、坐感不舒适的劣质工作椅上,会影响人体血液循环,破坏人体消化系统运作、打乱人体新陈代谢,还会威胁骨骼健康,导致颈椎病、腰椎病、肩周炎、手腕脉管炎等多种疾病。由此可见,正确舒适的坐姿和一张高质舒适的工作椅对于健康非常重要。现以座椅设计的人机要求为例来说明人体数据的应用。

（1）座椅的设计原则

①座椅的设计,应提供操作人员在操作时的身体支撑。

②座椅的设计要使操作人员工作顺利,椅子的尺寸要适当,其高度和位置可以

调整到适合各种身材的人使用。

③座椅应能够适当地支撑住身体,以避免不良的姿势,同时身体的质量能够均衡地分布在椅面上。

在不影响手的个别动作时,座椅应有扶手,同时也有脚踏板,以维持较好的座椅到脚停止位置的距离。

(2)座椅的尺寸设计

1)座面高度

座高设计应该满足大腿基本水平,小腿垂直地获得地面支撑;腘窝不受压;臀部边缘及腘窝后部的大腿在椅面获得"弹性支撑"。

参照坐姿尺寸中的"3.8　小腿加足高"加以修正,为了满足90%的人用起来都舒适,则选用"可调式原则",由表3-4查得 $P_{95男}$ = 448 mm, $P_{5女}$ = 342 mm,加穿鞋修正量(男25 mm,女30 mm),穿裤修正量(-6 mm)。按照"宁低勿高"的原则,再低10 mm计算。

第95百分位男子的身高为:448 + (25 - 6) - 10 = 457

第5百分位女子的身高为:342 + (30 - 6) - 10 = 356

把这两个数据四舍五入为整得到,中国男女通用工作椅座高的调节范围为360 ~ 460 mm。座椅最好设计成高度可调,以适应不同身材的操作者需要。

2)座深

正确的设计应使臀部得到全面的支撑,腰部得到靠背的支撑,座面前缘与小腿间留有适当距离,保证小腿可自由活动。如果座深过深,会起坐困难(图3-7),所以应选用"宁浅勿深"原则。

应该参照坐姿尺寸中的"3.9　座深"加以修正,由表3-4查得 $P_{95男}$ = 494 mm, $P_{5女}$ =

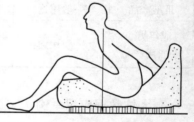

图3-7　座深过深

401 mm,依据"宁浅勿深"原则,比表中座深应该小一定数值,GB/T 14774—1993给出的座深数字范围为360 ~ 390 mm,推荐为380 mm。

3)座宽

座宽应满足臀部就座所需要的尺度,使人能自如地调整坐姿。扶手椅座宽不够或过宽都不舒服,如图3-8所示。

单人椅座宽参照坐姿尺寸中的"4.6　坐姿臀宽"加以修正,男女公用者,取女性的该项人体尺寸为设计依据,由表3-4查得: $P_{95女}$ = 382 mm。为了保证每个人都能坐到椅面上,应选用"宁宽勿窄"的原则,推荐值为400 mm。

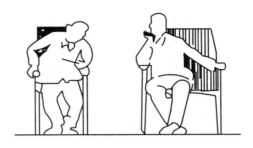

图 3-8　座宽过小或过大

4）座面倾角

因为工作时身体前倾,若倾角过大,会因为身体前倾而使脊椎拉直,破坏正常的腰椎曲线,所以座椅座面倾角一般小于 3°。

5）靠背的高和宽

靠背的作用是保持脊椎处于自然形状的放松姿势。靠背可分为腰靠和肩靠,作业场所的座椅大部分属于腰靠。靠背的高度可达 480～630 mm,宽度为 350～480 mm。支撑腰部以下的骶骨部分能增加舒适感,靠背下沿与座面之间最好留有一定的空间(70～80 mm),以容纳向后挤出的臀部肌肉。靠背的横截面可以是一个半径大于 1 000 mm 的圆弧。

6）靠背与座面夹角

靠背与座面夹角若小于 90°,则腹部受压迫;夹角太大会降低人的警觉状态。一般可取 95°～105°。

7）坐垫高度

一般坐垫的高度是 25 mm。太软太高的坐垫,易造成身体不稳,反易产生疲劳。

8）扶手高度

扶手的主要功用是使手臂有所依托,减轻手臂下垂重力对肩部的作用,使人体处于较稳定的状态。它也可以作为起身站立或变换坐姿的起点。扶手不能太高,否则迫使肘部抬高,肩部与颈部肌肉拉伸;但如过低则实际上使臂部得不到支撑,或者躯干必须偏斜,以寻求一侧的支承,如图 3-9 所示。

扶手高度参照坐姿尺寸中的"3.5　坐姿肘高"加以修正,依据"平均尺寸原则",$P_{50男} = 263$ mm,$P_{50女} = 251$ mm。两者取平均值为 257 mm,公用座椅的扶手高度应略小于这个值。推荐值为 250mm。两扶手的间距可取 500～600 mm,运输工具中两扶手间距可取 400～500 mm。

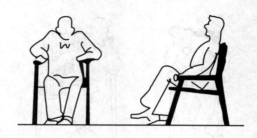

图 3-9　扶手过高或过低

　　根据上述尺寸,可以设计出一把满足人机工程学原理和要求的椅子,如图 3-10 所示。

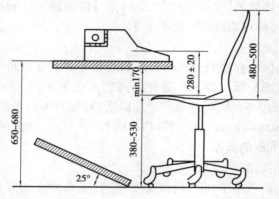

图 3-10　高靠背办公座椅、工作面、搁脚板的配合尺寸

课堂讨论

1. 以自身为例,如何描述人的几何特性?
2. 人体测量数据在现实生活中有哪些应用?
3. 为什么要定义人的测量基准面?

实训任务

　　根据自身的测量数据,设计一件自己喜欢,并且适合自己的东西,并做成 PPT 对上述设计作品进行演示。

◎ 思考与练习题

1."大尺寸、小尺寸"是如何界定的？它们分别适合于什么场合？并举例说明。

2.95%,5%,在空间、工具、操作、显示等方面的分析。

3.人体测量基准的基本定义。

4.人体测量尺寸的统计方法。

5.百分位的定义及其应用场合。

6.为何要进行人体测量尺寸的修正？

7.简述人体测量数据的选用原则。

任务二　人的生理特性

人的生理特性主要包括人的感知特性和视觉特性。

一、人的感觉特性

感觉是人脑对直接作用于感觉器官(眼、耳、鼻、舌、身)的客观事物的个别属性的反映。例如,一个香蕉放在人的面前,通过眼睛看便产生了香蕉呈黄色的视觉;若摸一下便产生光滑感的触觉;若闻一下便产生清香的嗅觉;若吃一下,便产生甜滋滋的味觉。由此产生的视觉、触觉、嗅觉、味觉都属于感觉。此外,感觉还反映人体本身的活动状态,例如人感到内部器官工作状态舒适、疼痛、饥饿等。感觉又是一个过程,客观事物直接作用于感觉器官,产生神经冲动,并由传入神经传到中枢神经系统,引起感觉。

感觉的基本特性可以归纳为3点。

1.感受性

人的各种感受器官都有各自最敏感的刺激形式,这种刺激形式可称为对应于该感觉器的适宜刺激。当适宜刺激作用于该感觉器时,只需要很小的刺激能量就能引起感受器的兴奋。对于非适宜刺激,则需要较大的刺激能量。表3-9给出了人体主要感觉器官的适宜刺激以及感觉反应。

表 3-9　适宜刺激及感觉反应

感觉类型	感觉器官	适宜刺激	刺激起源	识别特征	作　用
视觉	眼	光	外部	形状、大小、位置、远近、色彩、明暗、运动方向等	鉴别
听觉	耳	声	外部	声音的高低、强弱、方向和远近	报警、联络
嗅觉	鼻	挥发和飞散的物质	外部	辣气、香气、臭气	报警、鉴别
味觉	舌	被唾液溶解的物质	接触表面	甜酸、苦辣、咸等	鉴别
皮肤感觉	皮肤及皮下组织	物理或化学物质对皮肤作用	直接和间接接触	触觉、痛觉、温度觉、压觉	报警
深部感觉	机体神经和关节	物质对肌体的作用	外部和内部	撞击、重力、姿势等	调整
平衡感觉	半规管	运动和位置变化	内部和外部	旋转运动、直线运动和摆动等	调整

　　人的各种感觉器官的感受能力发展很不平衡,在感受能力方面不同职业又有各自不同的要求。例如,对从事音乐的工作者要求较高的听觉分辨能力;对从事检验行业与美术行业的工作者则需要有较高的颜色分辨能力。

　　2. 感觉的适应性

　　感觉具有随环境和条件变化而变化的特点。例如,刚进浴池感到水热,泡一段时间就不再感觉那样热了,这是皮肤感觉的适应。据研究,除痛觉之外各种感觉都有适应问题。刚入暗室,什么也看不见,等一会就看清了,这是暗适应;自暗室突然走出来,光亮刺眼,什么也看不见,等一会又看清了,这是光适应;入芝兰之室,久而不闻其香,入鲍鱼之肆,久而不闻其臭,则是嗅觉适应。

　　当一种强度不变的刺激持续作用于感觉器时,传入神经纤维的冲动频率逐渐下降,引起的感觉逐渐减弱或消失,这一现象称为感受器的适应现象(adaptation)。适应是所有感受器的一个功能特点,但不同的感受器有很大的差别,嗅觉感受器最容易适应。感觉适应的产生机制可能更为复杂,其中只部分地与感受器的适应有关,因为适应的产生与传导途径中的突触传递和感觉中枢的某些功能改变有关。

3. 余觉

在刺激取消后,感觉可以存在一极短时间,这个现象称之为余觉。例如,在暗室里急速转动一根燃烧着的火柴,可以看到一圈火花,这就是余觉。

二、人的知觉特性

感觉只是凭感觉器官对环境中刺激的觉察;而知觉则是对感觉获得信息作进一步处理。比如通过感觉,可以知道某个物体的颜色、气味、温度等属性,而知觉让人们对某个事物有一个完整的印象,并作出判断,如杯子、苹果、桌子等。

神经生理学研究表明,知觉过程非常复杂,它依赖于许多大脑的感觉皮质和联络皮质的协同活动。人的知觉一般有如下共同特征。

1. 知觉的整体性

知觉的对象具有不同的属性,由不同的部分组成。人们由于具有一定的知识经验,加上某些思维习惯,总是把对象感知为一个统一的整体,而并不是把对象的各部分感知为个别的、孤立的东西。人并不把知觉对象感知为个别的、孤立的部分,而总是把它知觉为一个统一的整体。如图 3-11(a)所示,观察者不会将其看为虚线组合,而会看为一个圆。图 3-11(b)并不是把该图感知为孤立的 4 条直线,而从一开始就看为一个正方形。又如看到一部机器时,它的形状、大小、颜色等特征总是一起被视觉所感知,首先感知一个初步的整体印象,然后才去关注它的细部。

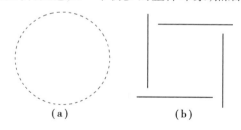

（a）　　　　　（b）

图 3-11　知觉的整体性

2. 知觉的理解性

人们往往根据自己过去获得的知识和经验去理解和感知现实的对象,如图3-12所示,可以认为它是一幅人头像。

3. 知觉的选择性

知觉的选择性既受知觉对象特点的影响,又受知觉者本人主观因素的影响,如

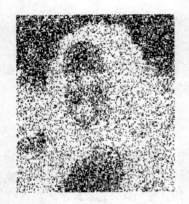

图 3-12　知觉的理解性　　　　　　　　　　　　图 3-13　鲁宾的面孔

兴趣、态度、爱好、情绪、知识经验、观察能力或分析能力等。如图 3-13 所示,观察者看到的是一个花瓶还是两个人头的侧面像?

三、人的视觉特征

机体从外界获得的信息中 80% 以上来自视觉,因此,在感觉器官中视觉占有重要地位。

1. 视觉机能

(1)视角

视角是由瞳孔中心到被观察物体两端所张开的角度,如图 3-14 所示,是确定被看物尺寸范围的两端点光线射入眼球的相交角度,视角的大小与观察距离及被看物体上两端点的直线距离有关。可用下式表示:

$$\alpha = 2 \ \mathrm{arctg} \frac{D}{2L}$$

式中　α——视角,用分($'$)表示,即 1/60 度单位;

　　　D——被观察物体两端点间的直线距离;

　　　L——眼睛至被观察物体间的距离。

在一般照明条件下,正常人眼能辨别 5 m 远处两点间的最小距离,其相应的视角为 $1'$,即能够分辨的最小物体的视角定义为最小视角。人眼辨别物体细微部分的能力是随着照度及物体与背景的对比度的增加而增加。

(2)视力

视力是眼睛分辨物体细微结构能力的一个生理尺度,以最小视角的倒数来表示:

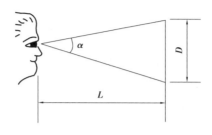

图 3-14　视角

$$视力 = \frac{1'}{最小视角}$$

　　检查人眼视力的标准规定,当临界视角为 1′ 时,视力等于 1.0,此时视力为正常。当视力下降时,临界视角必然要大于 1′,于是视力用相应的小于 1.0 的数值表示。视力的大小还随年龄,观察对象的亮度、背景的亮度以及两者之间亮度对比度等条件的变化而变化。

　　(3)视野

　　视野是指人的头部和眼球在固定不动的情况下,眼睛观看正前方物体时所能看得见的空间范围,常以角度来表示。视野的大小和形状与视网膜上感觉细胞的分布状况有关,可以用视野计来测定视野的范围。

　　(4)视距

　　视距是指人在控制系统中正常的观察距离。在观察各种显示仪表时,若视距过远或过近,充分调动速度和准确性都不利,一般应根据观察物体的大小和形状在 380～760 mm 范围内选择最佳视距,见表 3-10。

表 3-10　几种工作视距的推荐值

任务要求	举　例	视距离	固定视野直径/cm	备　注
最精细的工作	安装最小部件(如电子元件)	12～25	20～40	完全坐着,部分地依靠视觉辅助手段
精细工作	安装收音机、电视机	25～35(多为30～32)	40～60	坐着或站着
中等粗活	印刷机、钻井机、机床旁工作	50 以下	至 80	坐着或站着
粗活	包装、粗磨	50～150	30～250	多为站着
远看	黑板、开汽车	150 以上	250 以上	坐着或站着

2. 视觉特征

(1)暗适应与明适应

人眼的适应性分为暗适应和明适应两种。当人从亮处进入暗处时,刚开始看不清物体,而需要经过一段适应的时间后,才能看清物体,这种适应过程称为暗适应。暗适应过程开始时,瞳孔逐渐放大,进入眼睛的光通量增加。同时对弱刺激敏感的视杆细胞也逐渐转入工作状态,由于视杆细胞转入工作状态的过程较慢,因而暗适应的过渡时间较长,大约需要 30 min 才能基本适应,完全适应大约需要 1 h。

与暗适应情况相反的过程称为明适应。明适应过程开始时,瞳孔缩小,使进入眼中的光通量减少;同时转入工作状态的视锥细胞数量迅速增加,因为对较强刺激敏感的视锥细胞反应较快,因而明适应过渡时间很短,在最初的 30 s 内进行很快,1 ~ 2 min 就能基本完成。

人眼虽具有适应性的特点,但当视野内明暗急剧变化时,眼睛却不能很好适应,从而会引起视力的下降。另外如果眼睛需要频繁地适应各种不同的亮度时,不但容易产生视觉疲劳,影响工作效率,而且也容易引起事故。为了满足人眼适应性的特点,要求工作面的光亮度均匀而且不产生阴影;对于必须频繁改变亮度的工作场所,可采用缓和照明或佩戴一段时间有色眼镜,以避免眼睛频繁地适应亮度变化,而引起视力下降和视觉过早疲劳。

(2)眩光

当人的视野中有极强的亮度对比时,由光源直射出或由光滑表面反射出的刺激或耀眼的强烈光线,称为眩光。眩光可使人眼感到不舒服,使可见度下降,并引起视力的明显下降。

引起眩光的物理因素主要有:周围的环境较暗;光源表面或灯光反射面的亮度高;光源距视线太近;光源位于视轴上下左右30°范围内;在视野范围内,光源面积大、数目多;工作物光滑表面(如电渡、抛光、有光漆等表面)的反射光;强光源(如太阳光)直射照射;亮度对比度过大等。

眩光造成的有害影响主要有:使暗适应破坏,产生视觉后像;降低视网膜上的照度;减弱观察物体与背景的对比度;观察物体时产生模糊感觉等,这些都将影响操作者的正常作业。

(3)视错觉

人在观察物体时,由于视网膜受到光线的刺激,光线不仅使神经系统产生反应,而且会在横向产生扩大范围的影响,使得视觉印象与物体的实际大小、形状存在差异,这种现象称为视错觉。视错觉是普遍存在的现象,如图 3-15、图 3-16、图 3-17所示。在工程设计时,为使设计达到预期的效果,应考虑视错觉的影响。

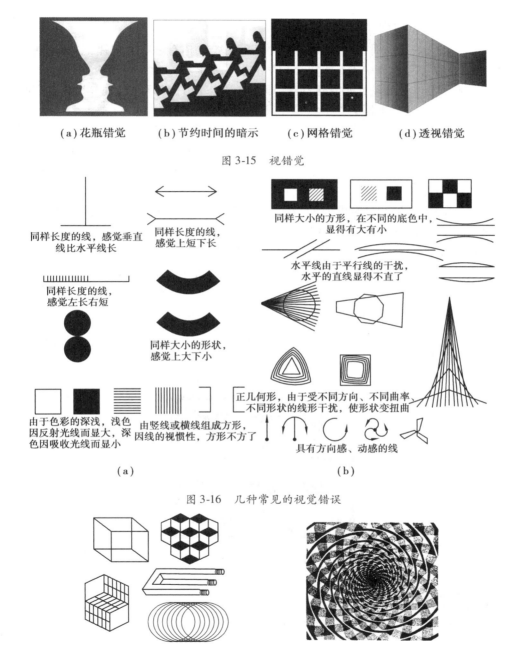

（a）花瓶错觉　　　（b）节约时间的暗示　　　（c）网格错觉　　　（d）透视错觉

图 3-15　视错觉

同样长度的线，感觉垂直线比水平线长

同样长度的线，感觉上短下长

同样长度的线，感觉左长右短

同样大小的形状，感觉上大下小

同样大小的方形，在不同的底色中，显得有大有小

水平线由于平行线的干扰，水平的直线显得不直了

由于色彩的深浅，浅色因反射光线而显大，深色因吸收光线而显小

由竖线或横线组成方形，因线的视惯性，方形不方了

正几何形，由于受不同方向、不同曲率、不同形状的线形干扰，使形状变扭曲

具有方向感、动感的线

（a）　　　　　　　　　　　　　　　　（b）

图 3-16　几种常见的视觉错误

图 3-17　三叉错觉和旋转错觉

3.视觉的运动规律

人们在观察物体时,视线的移动对看清和看准物体有一定的规律,掌握这些规律,有利于在工程设计中满足人机工程学的设计要求。

①眼睛的水平运动比垂直运动快,即先看到水平方向的东西,后看到垂直方向的东西。所以,一般机器的外形常设计成横向长方形。

②视线运动的顺序习惯于从左到右,从上至下,顺时针进行。

③对物体尺寸和比例的估计,水平方向比垂直方向准确、迅速且不易疲劳。

④当眼睛偏离视中心时,在偏离距离相同的情况下,观察率优先的顺序是左上、右上、左下、右下。

⑤两眼的运动总是协调的、同步的,在正常情况下,不可能一只眼睛转动而另一只眼睛不动;在操作中,一般不需要一只眼睛视物,而另一只眼睛不视物。

⑥人眼对直线轮廓比对曲线轮廓更易于接受。

⑦颜色对比与人眼辨色能力有一定关系。当人们从远处辨认前方的多种不同颜色时,其易于辨认的顺序是红、绿、黄、白。当两种颜色相配在一起时,易于辨认的顺序是:黄底黑字,黑底白字,蓝底白字,白底黑字等。

课堂讨论

如图 3-18 所示,你看到的是 6 个杯子还是 6 对不同表情的脸?

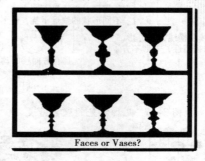

Faces or Vases?

图 3-18   6 个杯子

实训任务一

搜集资料,自己证明知觉的相关特性。

⊙ 实训任务二

如图 3-19 所示, 你看到的是黑色的还是白色的厨房用具?

图 3-19　黑色和白色的餐具

⊙ 思考与练习题

1. 什么是感觉、知觉?

2. 感觉与知觉的关系是什么?

3. 感觉的基本特征有哪些?

4. 知觉有哪几种类型? 其主要特征分别是什么?

5. 视野与视距有什么样的关系?

6. 日常生活中常见的视觉现象主要有哪些?

任务三　人的心理特性

人的心理特性可分为心理过程与个性心理两个方面。

一、人的心理过程特征

人的过程可以分为认识过程、情感过程和意志过程。在这 3 个过程中,认识过程是最基本的心理过程,情感过程与意志过程均是在认识过程的基础上产生的。

1. 认识过程

认识过程主要包括感觉、知觉、记忆和思维。感觉和知觉的特性在任务二中已经介绍过。

记忆是个复杂的心理过程,它由识记、保持和重现 3 个环节构成。另外,按照记忆过程的时间特征,记忆又可分为感觉记忆、短时记忆和长时记忆。正是由于外界信息和人自身行为的多样性决定了人的记忆形式也是多样的,如形象记忆、情景记忆、情绪记忆、运动记忆和语义记忆等。

思维是人脑对现实事物间接的和概括的加工形式。思维的基本过程是分析、综合、比较、抽象和概括。思维又可分为动作思维、形象思维、抽象思维 3 种类型;根据概括思维的全新程度不同,又可将思维分为常规性思维和创造性思维。

2. 情感过程

情感过程是人对外界事物所持态度的体验。情绪与情感是人的需要是否得到满足时所产生的一种对客观事物的态度和内心体验。情绪主要指感情过程,即个体需要与情境相互作用的过程,也就是脑的神经机制活动的过程。如高兴时手舞足蹈、愤怒时暴跳如雷。情感是用来描述具有稳定的、深刻的社会意义的感情。如对祖国的热爱,对敌人的憎恨以及对美的欣赏。

情绪是情感的表现形式,情感是情绪的实质内容。大量的实验研究表明,情绪与安全生产有着重要的关系,对人的工作效率和身体健康有重要影响。

3. 意志过程

意志是大脑的机能,表现在人的行动中。人的意志活动的实质,不仅在于意志行动是自觉地确定行动的目的,而且在于积极调节行动以实现目的。意志对行为的调节作用表现在激动与抑制两个方面,而意志的行动过程主要体现在决策阶段与执行阶段。另外,意志具有自觉性、坚韧性、果断性和自制力等基本品质,而且意志过程与人的情感过程以及人的认知过程关系密切,它是人的 3 个基本心理过程之一。

二、个性心理特征

所谓个性心理特征,就是个体在社会活动中表现出来的比较稳定的成分,包括气质、能力和性格。

1. 气质

现代心理学认为,气质是人典型的、稳定的心理特点。这些特点以同样方式表现在对各种事物的心理活动的动力上,而且不以活动的内容、目的和动机为转移。

传统的气质类型分为以下几种。

(1)胆汁质

胆汁质的人反应速度快,具有较高的反应性与主动性。这类人情感和行为动作产生得迅速而强烈,有极明显的外部表现;直率热情,精力旺盛,脾气急躁,刚强,易感情用事;反应迅速,但准确性差;情绪明显表露于外,但持续时间不长。典型的人物代表是《水浒传》中的李逵、《三国演义》中的张飞。

(2)多血质

多血质的人行动具有很高的反应性。这类人情感和行为动作发生得很快,变化得也快,但较为温和;活泼好动,反应迅速,注意力转移的速度快,行为外向;容易适应外界环境的变化,善交际,容易接受新事物;注意力容易分散,做事往往缺乏持久性;兴趣多变,情绪易表露,也易变化。典型的人物代表是《红楼梦》中的王熙凤、《三国演义》中的曹操。

(3)黏液质

黏液质的人反应性低。情感和行为动作进行得迟缓、稳定、缺乏灵活性;这类人情绪不易发生,也不易外露,很少产生激情,遇到不愉快的事也不动声色;心情平稳、变化缓慢;心平气和,喜沉思;稳重,但灵活性不足;踏实,但有些死板;善于克制自己,注意稳定但又难于转移;沉着冷静,善于忍耐,但缺乏生气。典型的人物代表是《水浒传》中的林冲、《西游记》中的沙和尚、《三国演义》中的诸葛亮。

(4)抑郁质

抑郁质的人有较高的感受性。这类人情感和行为动作进行得都相当缓慢、柔弱;情感容易产生,而且体验相当深刻,隐晦而不外露,易多愁善感,细心谨慎,敏感机智,情感细腻,体验深刻,做事认真仔细;孤僻,情绪兴奋性弱,多忧多思,行动迟缓,顾虑重重,爱独处,不爱交往,面临危险时常感恐惧。典型的人物代表是《红楼梦》中的林黛玉。

这种按体液的不同比例来分析人的气质类型的学说是缺乏科学依据的,但比较符合实际,有一定的参考价值。

气质类型没有好坏之分,气质对个人的成就不起决定性作用,不管何种气质,只要品德高尚,意志力强,都能为社会作贡献,在事业上有所建树。根据苏联心理学家的研究,俄国著名作家普希金、赫尔岑、克雷洛夫、果戈理就分别属于胆汁型、多血质、黏液质、抑郁质的。相反,品质低劣、意志薄弱不管什么气质都会一事无成。

不同气质的人在不同工作上工作效率是有显著差异的。让张飞杀猪是件轻而易举的事情,若叫林黛玉去卖肉则是强人所难了;反之,若让林黛玉去绣花,则恰如其分,让张飞去当绣工,那就是用人不当了。因此在选择职业人才时,要考虑人的气质,对于飞行员、宇航员、大型系统调度员、大运动量的运动员,要选择大胆、勇敢、坚强、临危不惧、机智灵敏、坚韧不拔的人,而对于精密计算、医疗、气象、财会、打字员等职业不能挑选鲁莽急躁的人。

为达到安全生产的目的,在劳动组织管理中,要充分考虑人的气质特征的作用。进行安全教育时,必须注意从人的气质出发,使用不同的教育手段。例如,强烈批评,对于多血质、黏液质人可能生效;对胆汁质和抑郁质的人往往会产生副作用,因而只能采用轻声细语商量的形式。

从安全工程的角度来看,4 种不同气质的人都有其优点和弱点。黏液质的人适于做精细而要求有耐心的工作,这种人稳定可靠,注意力集中时间长,有利于安全生产;多血质的人缺乏耐心,从事单调重复的工作容易产生精神不集中,造成产品质量下降或事故,不宜在安全上负有重任。例如,某矿一位技术员,为人热情,活泼好动,善于交往,遇事容易冲动好胜。在一次安全检查中,他带领大家检查危险区域,第一个爬上久已腐蚀的木梯,造成坠落身亡。抑郁质的人不宜单独操作安全方面的关键设备和工艺过程。

上述这些原则,应在工人培训、选拔人员和分配工作岗位时加以运用。主持安全的专业人员应对操作员的气质和性格有所了解并给予恰当安排。例如,各类司机(机车、汽车、起重机、卷扬机等)应首先安排黏液质的人担当,以便在生产中从行为的角度减少事故发生因素。

在安全教育和安全检查中,并非一定要将某人划归为某类型,而主要是测定、观察每个人的气质特征,以便有针对性地采用不同方式进行有效的教育,从而真正减少生产过程中人的不安全行为造成的事故,实现安全生产的目的。

2. 性格

性格是人们在对待客观事物的态度和社会行为的方式中,区别于他人所表现出的那些比较稳定的心理特征的总和。

性格的类型就是指一类人身上共有的性格特征的独特结合。对性格如何分类,各种说法不一,常见的分类有以下几种。

(1)按心理机能分类

依据在性格结构中,理智、情绪和意志何种占优势,而把人的性格分为理智型、情绪型和意志型。

(2)按独立或顺从程度分类

依据人的独立性的程度,把人的性格分为独立型和顺从型。

（3）以竞争性确定性格类型

以竞争性确定性格类型可分为优越型和自卑型。

还有的学者将性格分为：冷静型、活泼型、急躁型、轻浮型和迟钝型。前两者中的性格属于安全型，后3种的性格属于非安全型。

性格在个性心理特征中占核心地位，起主导作用。性格的形成有先天的生物学因素，受家庭、社会、学校的影响很大。性格决定人的行为，决定人的思维方式，决定他的社会贡献。

性格与安全生产也有密切的联系，在其他条件相同的情况下，冷静型性格的人比急躁型性格的人安全性强。对工作马虎的人容易出现失误。实践中有不少人因鲁莽、高傲、懒惰、过分自信等不良性格，促成了不安全行为而导致伤亡事故。安全心理学家就是要深入挖掘和发扬劳动者的一丝不苟、踏实细致、认真负责的创造精神，提倡劳动者养成原则性、纪律性、自觉性、谦虚、克己、自治等良好性格，制止易于肇事的那些不良的性格，良好的性格是安全生产的保障。

作为安全生产管理者要了解和掌握职工的性格特点，针对职工的不同性格特点，进行工作安排。将良好性格的人放在重要的、艰巨的、危险性相对大的工作岗位上。而将不良性格的人放在安全性相对较大的岗位上。对不良性格的人要经常进行教育，培养职工形成良好的性格。

3. 能力

能力是人顺利完成某种活动所必须具备的心理特征之一。能力作为一种心理特征不是先天具有的，而是在一定的素质基础上经过教育和实践锻炼逐步形成的，素质为能力的形成奠定了物质基础，要使素质所提供的发展能力的可能性变为现实，必须经过教育和锻炼。

由于存在能力的个体差异，劳动组织中如何合理安排作业，人尽其才，发挥人的潜力，是管理者应该重视的。

①人的能力与岗位职责要求相匹配。领导者在职工工作安排上应因人而异，使人尽其才，发挥和调动每个人的优势能力，避开非优势能力，使职工的能力和体力与岗位要求相匹配。这样可以调动职工的劳动积极性，提高生产率，保证生产中的安全。相反，人具有的能力高于或低于实际工作需要都是不合理的。如能力高于实际工作需要，造成人才浪费，引起职工不安心本职工作，产生不满情绪，影响生产，易出事故。如能力低于实际工作需要，则无法胜任工作，会在心理上造成压力，工作上不顺利必然影响作业安全，这也是事故发生的隐患。因此，在任用、选拔人才时，不仅要考查其知识和技能，还应考虑其能力及其所长。

②在团队合作时,人事安排应注意人员能力的相互弥补,团队的能力系统应是全面的,对作业效率和作业安全具有重要的作用。

③发现和挖掘职工潜能。管理者不但要善于使用人才,还要善于发现人才和挖掘职工潜能,这样可以调动人的积极性和创造性,使职工工作热情高,心情舒畅,心理得到满足,不但可避免人才浪费,而且有利于安全生产。

④通过培训提高人的能力。培训和实践可以增强人的能力,因此,应对职工开展与岗位要求一致的培训和实践,通过培训和实践提高职工能力。

三、人的心理特征与安全生产的关系

1. 注意

注意是心理活动对一定对象的指向性和集中,对象可以是外部世界的事物和现象,也可以是内向体验。注意是心理活动的一种特性,是伴随一切心理活动而存在的一种心理状态。即心理活动离不开注意,注意也离不开心理活动。

不注意就存在于注意状态之中,它们具有同时性。从生理上、心理上不可能始终集中注意力于一点。不注意的发生是必然的生理和心理现象,不可避免。

从生理上、心理上来看,注意力不可能始终集中于一点;不注意的发生是必然的生理和心理现象,不可避免;不注意就存在于注意之中。

自动化程度越高,如监视仪表等工作最容易发生不注意。预防不注意产生差错的方法如下:

①建立冗余系统,为确保操作安全,在重要岗位上,多设 1 ~ 2 人平行监视仪表的工作。

②为防止下意识状态下失误,在重要操作之前,如电路接通或断开、阀门开放等采用"指示唱呼",对操作内容确认后再动作。

③改进仪器、仪表的设计,使其对人产生非单调刺激或悦耳、多样的信号,避免误解。

2. 情绪

过高和过低的情绪激动水平,使人的动作准确度降至 50% 或以下,注意力无法集中。

在实际工作中表现出来的有如下几种不安全情绪:

(1)急躁情绪

人的情绪状况发展到引起人体意识范围变狭窄,判断力降低,失去理智和自制力。心血活动受抑制等情绪水平失调呈病态时,极易导致发生不安全行为。

（2）烦躁情绪

表现为沉闷,不愉快,精神不集中,心猿意马,严重时自身器官往往不能很好协调,更谈不上与外界条件协调一致。

情绪影响行为,一定的行为也要求一定的情绪水平与之相适应。不同性质的劳动要求不同的情绪水平。从事复杂劳动或抽象劳动时要求情绪激动水平较低,这样才有利于安全操作和发挥劳动效率。在脑力劳动时只有心平气和才有利于思考。不安静的环境刺激人的情绪,使之激动,是不利于精细工作和脑力劳动的。从事快速、紧张的劳动,如兴修水利等,较高的情绪激动水平有利于发挥劳动效率,可播放欢快的乐曲鼓动生产情绪。应当指出,设备复杂、多工种作业的冶金厂等,车间内不应播放音乐和口号,以免造成干扰,影响安全生产。

安全检查表中有一栏目,调查工人有无家庭纠纷、打架、赌气等事件发生。如影响工人情绪较大,可采取换班休息、谈话等方式,不使工人带着沉重的情绪进入操作岗位。实践证明,这是行之有效的安全措施。

3. 需要和动机

需要是人参与社会行动的基础,动机则是促使人活动的原因。

美国心理学家马斯洛在1943年发表的《人类动机的理论》中提出了需要层次论,如图3-20所示。他认为,人的需要分为生理需要、安全需要、社交需要、尊重和自我实现的需要,依次由低级到高级。生理需要是人们最原始、最基本的需要,如吃饭、穿衣、住房、医疗等,若不满足,则有生命危险。也就是说,它是强烈的不可避免的最底层需要,也是推动人们行动的强大动力。安全需要要求劳动安全、职业安全、生活稳定、希望免于灾难、希望未来有保障等。安全需要比生理需要较高一级,当生理需要得到满足以后就要保障安全的需要。

人对安全的需要随着社会的进步逐步上升到第一位。安全需要得不到满足,会对其较高级需要的产生和发展产生影响,即会影响人们的社会交往、对社会的贡献及社会的安定与发展。因此安全管理者应从安全对社会发展的较高层次上看到安全工作的重要性,努力搞好安全工作,满足劳动者的基本需求。

由于需要的多样性决定了人们动机的多样性。从需要的种类分,可以把动机分为生理性动机和社会性动机;根据动机内容的性质分为正确的动机与错误的动机,高尚的动机与低级、庸俗的动机;根据各种动机在复杂活动中的作用大小,分为主导性动机和辅助性动机;从动机造成的后果,可分为安全性动机和危险性动机。

自我实现的需要越强烈,目标越高,对安全的需要也就更敏感。

4. 态度

态度的形成主要受3种因素的影响,即知识或信息,主要来自父母、同事和社

图 3-20　马斯洛提出了需要层次论

会生活环境;需要,欢迎态度,相反则不然;团体的规定或期望,一般来说,个人的态度要与他所属的集体的期望和要求相符合。

人们对安全工作的态度对搞好安全工作具有重大影响,在安全管理中,应通过宣传、教育、团体作用使工人对安全工作的态度不仅保持正确,而且要达到内化的程度。

5. 不安全心理状态

（1）侥幸心理

侥幸心理是许多违章人员在行动前的一种重要心态。把出事的偶然性绝对化,在现实工作中,发生侥幸心理的人时有所见。常见的有以下两种表现:

①不是不懂安全操作规程、缺乏安全知识、技术水平低,而是"明知故犯"。

②违章不一定出事,出事不一定伤人,伤人不一定伤己。

在研究分析事故案例时发现,明知故犯的违章操作占有相当比例。例如,2013年3月26号上午,某小区住户周女士抱着1岁的南南在看幼儿园的学生做操,还有3岁的女孩烁儿在一起,突然一辆福克斯轿车在小区道路急速转弯,加速撞向路边行人,大人被撞,南南从母亲手上飞出,当场死亡。驾驶该汽车的司机抱着一种侥幸心理在小区内急速行驶,结果酿成了悲剧。

（2）惰性心理

惰性心理也称为"节能心理",是指在作业中尽量减少能量支出,能省力便省力,能将就凑合就将就凑合的一种心理状态,也是懒惰行为的心理依据。

①干活图省事,嫌麻烦。

②节省时间,得过且过。

（3）麻痹心理

麻痹大意是造成事故的主要心理因素之一。行为上表现为马马虎虎,大大咧咧,口是心非,盲目自信。常见的有以下几种表现。

①盲目相信自己的以往经验,认为技术过硬,保准出不了问题,这种情况以老同志居多。

②以往成功经验或习惯的强化,多次做也无问题,我行我素。

③高度紧张后精神疲劳,产生麻痹心理。

④个性因素,一贯松松垮垮,不求甚解的性格特征,自以为绝对安全。

⑤因循守旧,缺乏创新意识。

（4）逆反心理

逆反心理是一种无视社会规范或管理制度的对抗性心理状态,一般在行为上表现为"你让我这样,我偏要那样;越不许干,我越要干"等特征。

①显现对抗:当面顶撞,不但不改正,反而发脾气,或骂骂咧咧,继续违章。

②隐性对抗:表面接受,心理反抗,阳奉阴违,口是心非。

（5）逞能心理

争强好胜本来是一种积极的心理品质,但如果它和炫耀心理结合起来,且发展到不恰当的地步,就会走向反面。

①争强好胜,积极表现自己,能力不强但自信心过强,不思后果,蛮干冒险作业。

②长时间做相同冒险的事,无任何防护,终有一失。

（6）冒险心理

冒险也是引起违章操作的重要心理原因之一。

①理智性冒险,明知山有虎,偏向虎山行。

②非理智性冒险,受激情的驱使,有强烈的虚荣心,怕丢面子,硬充大胆。

（7）从众心理

从众心理是人们在适应群体生活时产生的一种反映,不从众则会感到一种社会精神压力。由于人们的从众心理,不安全的行为和动作很容易被效仿,这种从众心理严重地威胁着安全生产。因此,要大力提倡、广泛发动工人严格执行安全规章制度,以防止从众违章行为的发生。

课堂讨论

1.看图讨论。

图 3-21　气质讨论图片

讲述如图 3-21 所示的每一行画面的故事,并分析其属于哪种气质类型。

2.拿出一张空白纸,写出自己的性格特点,试讨论克服性格弱点的方式和方法。

3.讲述一件你心存侥幸、惰性心理或麻痹冒险心理做过的事情。

4.情绪假该不该有?

2012 年 7 月 1 日,《河南省生产安全事故隐患排查治理规定》将职工身体欠佳或情绪异常作为生产安全事故隐患,列入生产经营单位排查治理范围之中,该规定还给了职工以"身体欠佳或情绪异常"为由请假的依据,被称为"情绪假"。

这则新条款一经发布便引发了广泛热议,试根据我们所学的知识讨论情绪假该不该有。

实训任务一

气质类型测试

下列 4 组气质类型测试题,可以帮助你确定自己的气质类型,请你依次阅读题目,对完全符合自己的,在题目前的[　]计 3 分;如果处于模棱两可的——既符合又不太符合的,在[　]前计 1 分;不符合的,在[　]前计 0 分,最后计算出自己在每组气质类型的总分。如果你在某一组类型的得分明显高于其他 3 组(均高于 4 分以上),则可定为某典型气质;如果两种气质的得分接近(差异小于 3 分),且又明显高于其他两种,则为两种气质混合型。事实上,大多数人总是以某种气质为主,又附有其他气质。

A 组:

[　]1. 到一个新环境很快就能适应

[　]2. 善于与人交往

[　]3. 在多数情况下情绪是乐观的

[　]4. 能够很快忘记那些不愉快的事情

[　]5. 接受一项任务后,总希望迅速完成

[　]6. 能够同时注意几件事情

[　]7. 疲倦时只要短暂休息,就能精神抖擞地投入工作

[　]8. 讨厌做那些需要耐心、细致的工作

[　]9. 符合兴趣的事干起来劲头十足,否则就不想干

[　]10. 假如工作枯燥乏味,马上就会情绪低落

[　]11. 反应敏捷、头脑机智

[　]12. 希望做变化大、花样多的工作

B 组:

[　]1. 喜欢在公开场合表现自己,有强烈的争第一的倾向

[　]2. 做事有些莽撞,常常不考虑后果

[　]3. 做事总有旺盛的精力

[　]4. 宁愿侃侃而谈,不愿窃窃私语

[　]5. 容易激动,每每出口伤人,而自己不觉得

[　]6. 羡慕那些能够克制自己感情的人

[　]7. 喜欢运动量大和场面热烈的活动

[　]8. 情绪高时,干什么都有兴趣,情绪不高时,干什么都不感兴趣

[　]9. 认准一个目标就希望尽快实现,甚至饭可不吃,觉可不睡

[　]10. 遇到可气的事就怒不可遏,想把心里的话一吐为快

[　]11. 爱看情节起伏、激动人心的小说和电影、电视

[　]12. 喜欢争辩,总想抢先发表自己的意见,力图压倒别人

C 组:

[　]1. 善于克制、忍让、不计小事,能容忍别人对自己的误解

[　]2. 能较长时间地在某一事物集中注意力,不容易分心

[   ]3. 能够较长时间地做枯燥单调的工作

[   ]4. 不易激动,很少发脾气,情感很少外露

[   ]5. 不喜欢长时间谈论一个问题,愿意实际动手

[   ]6. 对工作采取认真、严谨、始终如一的态度

[   ]7. 喜欢有条不紊的工作

[   ]8. 与人交往不卑不亢

[   ]9. 遇到令人气愤的事能很好地自我控制

[   ]10. 喜欢安静的环境

[   ]11. 做事力求稳妥,不做没有把握的事

[   ]12. 埋头苦干,有耐久力

D 组

[   ]1. 宁愿一个人干,不愿和许多人在一起

[   ]2. 心中有事,宁愿自己想,也不想说出来

[   ]3. 学习和工作时常比别人更感疲倦

[   ]4. 对新知识接受很慢,但理解后就很难忘记

[   ]5. 爱看感情细腻、人物心理活动丰富的文学作品、电影、电视

[   ]6. 遇到问题总是举棋不定,优柔寡断

[   ]7. 碰到陌生人觉得很拘束

[   ]8. 厌恶那些强烈的刺激,如尖叫、噪声、危险镜头

[   ]9. 感情比较脆弱,一点小事能引起情绪波动,容易神经过敏

[   ]10. 当工作或学习失败,会感到很痛苦,甚至痛哭流涕

[   ]11. 当感觉烦闷时,别人很难使自己高兴起来

[   ]12. 碰到危险情况时,常有一种极度恐惧感

结果:

如果你在 A 组测试中取得高分,那么你属于多血质的气质类型,较适合从事记者、律师、公关人员、艺术工作者、秘书和其他社会工作者。

如果你在 B 组测试中取得高分,那么,你就是胆汁气质类型的人,较适合从事运动员、勘探工作者、飞行员、探险者、演说家、营业员、宾馆招待员等职业。

如果你在 C 组测试中取得高分,那么你就是黏液质气质类型的人,较适合的职业有医务工作者、图书管理员、翻译、商务、教师、科研人员等。

如果你在 D 组测试中取得高分,那么,你就是抑郁气质类型的人,较适合从事作家、画家、诗人、打字员、音乐家、校对等职业。

⊙ 实训任务二

发挥性格优势,做到人尽其才

一位老板想让值得信任的甲、乙、丙3位助手分别负责管理财务、推广业务、策划的工作。这位老板想了解3位助手的性格特点,根据性格分配适合的工作,于是他安排3位助手下班后留在公司与他一起研究问题。在这期间,他故意制造了一起假火警,以便观察他们3人各自的性格特点。

在火警面前:

甲说:"我们赶快离开这里再想办法。"

乙一言不发,马上跑到屋角拿出灭火器去寻找火源。

丙坐着不动说:"这里很安全,不可能有火警。"

根据性格与职业的关系,你觉得甲、乙、丙3位助手应该分别负责什么工作?

⊙ 实训任务三

"清华学霸"的时间管理

马冬晗是2011年清华大学本科特等奖学金得主,这是清华授予学生的最高荣誉。她亮出的成绩单中最低分是95分,还有一份详尽到每个小时的计划表,学习、活动样样兼顾,这不仅让当时在场的清华学子哗然,也让网友们不住惊叹,称她是"清华学霸"。但这些都不够"霸气",她还有个同获此奖的双胞胎妹妹马冬昕,也一样传奇。不仅学习成绩三连冠,还是清华大学学生会副主席,2010年11月,马冬昕当选北京市海淀区第十五届人民代表大会代表。

"三年学分总成绩班级第一;各种科研、竞赛获奖28项;精仪系各类球队的队长,还能跑马拉松、主持晚会、朗诵诗歌"。马冬晗在不到6 min的答辩中紧凑地宣传了自己的"光辉学史",有网友看后调侃马冬晗是"全能女神"。让众人顶礼膜拜的,除了姐妹花的全能,姐姐马冬晗对时间的计划和安排更被网友们膜拜为"神器"。尤其是她那张密密麻麻的周计划表:她把每天的时间都切割到了每一个小时,何时做微积分的习题,何时开班会,都精确到分钟,连午休的那一个钟头都能挤进去两三件事。每天睡觉时间也只留了5 h。

惰性心理在你身上有吗?如何克服?每个学生制作自己的作息时间表,并能严格执行,努力克服自己的惰性。

⊙ 思考与练习题

1.防止不注意有哪些措施?

2. 情绪与情感有什么关系,以及对安全生产有哪些影响?
3. 人在作业中有哪些不安全的心理状态?

任务四　能力实践一——商船床铺设计

一、设计原则

1. 人体尺寸推荐值

根据上述讲解,建议该设计尺寸采用如下推荐值:

最佳值——最适合于人的各种特性的推荐值。

最小值——人能正常进行必要活动时所需的最小值。

最大值——人能进行必要活动时所需的最大值。

上述最佳值与最小值或最大值之差,称为依赖于人的特性容许值。如果由于其他设计条件限制,不能采用最佳值时,则可增加到最大值或减小到最小值。

2. 人体尺度基准

设计床铺的形状与尺寸时所采用的人体各部分的基准尺寸,应以相应的国家人体测量尺寸标准中的有关数据为基准,同时还采用了部分实验数据和相关的参考资料。由于对床铺尺寸要求不是特别精确,因而有关的人体尺寸相近的国家商船中也适用。该设计仅为商船的一般船员使用的单人床,不要求考虑船长级和高级船员使用的双人床和加宽单人床。

二、床铺尺寸设计

1. 确定床铺长度

因船员的作业环境较为特殊,在确定床铺长度时必须保证其休息环境的舒适性。因而所设计的床铺尺寸应有较高的满足度,并选用 P_{95} 作为尺寸上限值的依据。

床的最佳长度和最小长度的确定如图 3-22(a)所示,是以 P_{95} 人体身高测量值加上 3 项裕量来确定的,具体计算方法见表 3-11。

表 3-11 床铺长度计算

名　称	最佳尺寸/mm	最小尺寸/mm
平均身长	1 650	1 650
身长的标准偏差×2	126	126
人体伸直时的增量	72	72
上述增量的标准偏差×2	22	22
从头顶到床壁的距离	100	30
毛毯折拗处的尺寸	30	0
合　计	2 000	1 900

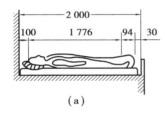
（a）

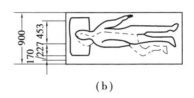
（b）

图 3-22 床铺长宽尺寸

2. 确定床铺宽度

图 3-22（b）为确定床铺宽度尺寸示意图。床的最佳宽度和最小宽度是由侧卧的肩宽尺寸加上实验测得的侧卧时膝部突出尺寸所组成，可由表 3-12 计算得出。

如从人机工程学的角度考虑，床的最佳宽度应是 900 mm。为了测量出人可以忍受的床的最小宽度，进行了简单的实验。实验结果表明：由于人的习性，即使在睡眠时，身体一碰到什么东西便会无意识地蜷缩起来。而且，船上的床，大多数一面靠墙壁，一面敞开，故侧卧时膝盖弯曲后的突出尺寸，在面向墙壁侧卧时可只考虑为 85 mm；在面向敞开的一面侧卧时，膝盖能伸出床沿，故可不予考虑。同样，被子的折叠尺寸也只需考虑一边，取为 25 mm。实验的结果还指出：人的熟睡程度与床的宽度有密切关系，狭窄的床熟睡程度就差。综合考虑，可以认为睡眠时必需的最小宽度应取 790 mm，如果加上裕量 10 mm，则最小宽度取为 800 mm。

表 3-12　床铺宽度计算

名　称	最佳尺寸/mm	最小尺寸/mm
裸体肩宽	421	421
裸体肩宽的标准偏差 ×2	32	32
侧卧的尺寸(裸体肩宽的一半)	227	227
侧卧时膝盖弯曲后的突出尺寸 ×2	170	85
毛毯折拗尺寸 ×2	50	25
合　计	900	790

3. 确定床铺高度

床的高度按有无抽屉、抽屉的层数以及船舶设备规范的要求分别确定如下。

①无抽屉并兼作沙发用床的高度从人机工程学角度其最适合的高度是,人的小腿加足高的测量值,再加上穿鞋的修正量。为供不同身材的人使用,应平均地取小腿加足高的高度为设计依据,查表得 P_{50} 为 413 mm;着鞋修正量为 25 mm,所以,床高应为 438 mm,选用 450 mm,如图 3-23(a)所示。

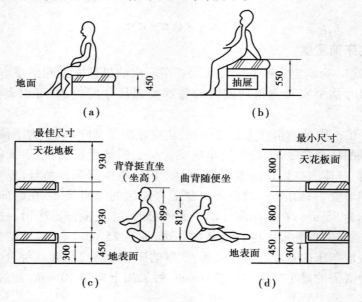

图 3-23　床铺高度尺寸

②有一层抽屉的床的高度如果考虑这类床铺坐的功能,则其高度应与无抽屉床铺高度相同,即为 450 mm。但其存放衣物的空间较小,考虑到船上放衣物的地方少,需增加存放衣物空间,故有一层抽屉的床的高度常常增加到 550 mm,如图 3-23(b)所示。从人机工程学角度分析,较高的床铺,其坐的舒适性较差。

③有两层抽屉的床的高度是根据实际存放衣物高度来确定,而完全不考虑坐的功能。因此从地面到床垫表面为 700 mm。

④双层床的高度最佳高度及最小高度确定如图 3-23(c)、(d)所示。

从地面到下铺床垫下表面的高度按船舶设备规范规定应在 300 mm 以上,该高度再加上垫子的厚度 150 mm,正好是人机工程学角度所确定的最佳高度 450 mm。上铺与下铺的间距以及上铺到天花板的高度按船舶设备规范规定应在 750 mm 以上。但从人机工程学角度考虑,最合适的高度查表可知,P_{95} 的人体直正坐时的座高为 899 mm,实验测得:在曲背随便坐时的坐高则为 812 mm 左右。现取实验结果的平均值 832 mm,再考虑人坐时垫子下陷 20～30 mm 的裕度,那么,从人机工程学角度看来,上下铺间距以及从上铺到天花板的最佳高度应为 930 mm,最小高度应为 800 mm 左右。

4. 挡板与床栏尺寸

适当考虑了人的胸厚和肩厚,挡板和床栏在床垫表面以上的高度取 150 mm 可以认为是最合适的。挡板中部的下凹部分应低于床垫上表面,通常可取挡板下凹部分到床垫上表面高度为 30 mm 左右。如果挡板下凹部分高于床垫上表面,则在上、下床或坐在床上时,会触及身体而产生痛感,挡板下凹可防止碰痛;而两头较高的挡板和床栏可防止人体或被子下滑。

任务五　能力实践二——“中国好声音”天价椅

一、80 万天价椅简介

凭借着“好评审”“好故事”,《中国好声音》在国内电视遍地开花的音乐选秀节目中异军突起,独占收视鳌头。“好评审”刘欢、那英、庾澄庆、杨坤成了节目的看点之一,同样惹人关注的,还有导师们所坐的那四把天价旋转椅(图 3-24)。

在《中国好声音》舞台下方,4 位导师背对着选手,当听到满意声音,一拍下面前的按钮,椅子就自动旋转过来。这把外形看起来很“酷”的旋转椅,堪称迄今为止选秀节目舞台上最贵的椅子——价值 80 万人民币。

图 3-24　天价旋转椅

"这种椅子是从英国空运过来的,这个费用包括了海外运输,过关和现场安装维护等一揽子费用,当然最关键的是包含版权费。"《中国好声音》制作及推广团队宣传总监陆伟解开了椅子80万身价的秘密。他还表示,每把椅子都是一个集成的概念,椅子的软件控制和音响、灯光都配合到位。"椅子贵的原因,可能就出在这里"。

其实,这把椅子,在进驻《中国好声音》之前,早已风靡各国电视节目的舞台。据陆伟介绍,《英国之声》《美国之声》《韩国之声》等全球二三十个国家的节目都是用这样的椅子。

二、四把椅子,安装需用两天一夜的时间

"每把椅子都是一个集成的概念,椅子的软件控制和音响、灯光都需配合到位。"陆伟说,这把天价椅结构比较复杂,安装起来也不简单。"四把椅子仅安装就花了两天一夜,平时还要经常调试。"

在《中国好声音》节目中,导师是背对选手,椅子必须保证导师在不戴耳机的情况下就能够有良好的收听效果。另外,由于是电视节目,椅子的灯光和音效设计也要考虑到现场舞台效果。

从外观上看,椅子的功能构成大致可分为音响、灯光、转动3个部分。

主干部分是大红色的真皮高椅背和椅垫。灯光和音响控制是同步的。在椅背的两侧有两条LED光带,导师的椅子和现场舞台之间各有两条延伸光带,座椅前面有一块倒三角光带区。

当导师按下红色按钮的时候,LED光带就亮起白光,伴随有风铃声的"I want you"从底座处同步响起。与此同时,旋转椅就自动转过来。

驱动椅子旋转的是安装在椅子下面的马达。和一般的旋转椅不同的是,这把椅子的转动幅度必须是精确的,"后台有锁定装置控制,确保只在按下按钮的时候椅子才旋转。"同时,椅子还具有减震功能,保证旋转时不过度震动。

三、中国制造为何卖不了高价钱，区别在创意

据介绍，圣奥公司近几年走精品路线，高端的座椅的单价都不下 1 万元，但是这个价格与《中国好声音》旋转椅的 80 万元叫价相比，实在是天壤之别。

中国制造，为什么就卖不到 80 万元？杜修兵认为，根本原因还是在于缺乏创意。中国不是缺少家具，而是缺少创意独到的家具。

造成这个问题的原因有很多，很多是根深蒂固的。比如国内目前生产椅子的公司很多，但很多是 OEM 代工或简单地模仿，在产品研发投入方面较少；其次，现代家具国外毕竟研究了上百年，而中国最多只有 30 年，国内设计人员的眼光、思维还不够开阔，对其他行业的知识了解比较少，设计相对局限；另外该类型的椅子，市场需求比较小，但前期研发投入较高，许多企业不愿意在这方面投入，同时国内相关行业间缺乏互动，相关设计整合较少。

通过层层解剖，杜修兵和同事也有所启发。他说，椅子有几百元的，也有几十万元的，椅子的需求很多，这说明家具企业突破的空间很大。另外，国内企业单枪匹马作战的思路也得大胆突破了，未来系统化的设计也是一种趋势，不同行业相关产品的整合会带来好的设计，国内设计需要"天马行空"和不拘一格。

能力单元四　人的作业特征与疲劳分析

走进课堂

不知从何时起，"压力山大"成了都市白领自嘲的流行语。"有压力时觉得累，没压力时觉得可怕"，"加班压力大，不加班压力更大"。一家世界知名调查机构通过调查得出以下结论：中国内地上班族在过去一年内所承受的压力，位列全球第一。在全球80个国家和地区的1.6万名被调查的职场人士中，认为压力高于上一年的，中国内地占75%，中国香港地区占55%，分列第一和第四，都大大超出全球的平均值48%。其中，上海、北京分别以80%、67%排在这一调查结果城市排名的前列。在20世纪七八十年代经济迅速发展的日本，过度疲劳曾造成大量中青年人猝死，如今，中国已超越日本成为"过劳死"大国。有统计显示，巨大的工作压力导致我国每年过劳死亡的人数高达60万人，越来越多的都市白领处于"亚健康"状态。

在中国为什么会出现压力大、过度疲劳等情况呢？如何提高作业能力和降低疲劳呢？

任务一　作业过程中人的能量代谢

在物质代谢过程的同时发生着能量释放、转移、储存和利用的过程，称为能量代谢。

一、劳动时的能量来源

糖是人体的主要能源。人体所需能量约有 70% 由糖的分解代谢来提供。脂肪则起着储存和供应能量的作用。蛋白质是人体组织的主要成分。糖和脂肪在体内经生物氧化后生成二氧化碳和水，同时产生能量。

人体摄入的物质（糖、脂肪、蛋白质）在体内氧化分解，同时释放能量。能量中约有一半是热能，用以维持体温并不断地向体外散发；另一部分以化学能的形式储存于三磷酸腺苷（ATP）内，ATP 分解时放出能量，供应合成代谢和各种生理活动所需的能量。机体活动的大部分能量来源于三磷酸腺苷,例如,肌肉收缩,神经肌肉生物电现象中的离子转运,各种腺体分泌和消化管细胞各种物质的运动等。这些化学能除肌肉收缩对外做功以外,其余部分被机体利用后最终仍然转变为热能散于体外。对外做功也可折算为热量,所以,机体每天消耗的能量都可用热量单位表示(kJ,千焦)。

ATP 生成后,除直接为各种生理活动提供能量外,还可以把它的高能磷酸键转移给肌酸,生成磷酸肌酸(CP)。CP 是机体内的储存库,多含于肌细胞内,其储存量是 ATP 的 5 倍。每当细胞内 ATP 消耗时,即由 CP 生成新的 ATP 加以补充,使 ATP 在细胞内的量保持恒定。脑力劳动时上述的补充足够了,但体力劳动时单纯靠 CP 分解用以产生 ATP 就不够了。

人的劳动,从生理学角度来说,是体力劳动和脑力劳动相结合进行的,不同的工作,只是体力、脑力劳动有所侧重而已。由于骨骼肌约占体重的 40%,故体力劳动的消耗较大。

体力劳动时,骨骼肌活动的能量由 3 个途径供给。

1. ATP—CP 系列

肌肉所需的能量是由肌细胞里的三磷酸腺苷(ATP)迅速分解而直接提供的。但是肌肉中 ATP 的储存量很少,由磷酸肌酸(CP)分解及时补充,故名 ATP—CP 系列。

2. 需氧系列

肌肉中的 CP 甚少,只能供肌肉活动几秒至 1 min,因此需从糖类和脂肪的氧化分解来提供 ATP,即需要氧的参与才能进行,所以称为需氧系列。

3. 乳酸系列

在大强度劳动时,ATP 的分解非常迅速,需氧系列受到供氧能力的限制,不能满足肌肉活动的需要。这时,要依靠无氧糖酵解产生乳酸来提供能量。虽然 1 g 分子葡萄糖在乳酸系列中只产生 2 个分子 ATP,但其速度比需氧系列快 32 倍,所以可迅速提供较多的 ATP。这个系列活动不能持久。

二、能量代谢量

能量代谢分为基础代谢、安静代谢和劳动代谢。

1. 基础代谢

维持生命所必须消耗的基础情况下的能量代谢量称为基础代谢量。所谓基础代谢率(Basal Metabolic Rate,BMR)是指人在进餐 12 h 后,在清晨清醒地静卧于 18~25 ℃环境中,并保持神经松弛,体位安定,各种生理活动维持在较低水平下的代谢率。这时,能量代谢率不受肌肉活动、精神紧张、消化及环境温度等的影响。

基础代谢率是用每平方米体表面积、每小时的产热量来计算的,单位是 kJ/(m² · h)[千焦/(平方米 · 时)]。我国正常基础代谢率水平见表4-1。

基础代谢量与体重不直接相关,而与人体表面积成比例关系。

表 4-1　中国人基础代谢率的水平　　　　　单位:kJ/(m² · h)

年龄/岁	11—15	16—17	18—19	20—30	30—41	41—50	>50
男性	195.2	193.1	165.9	157.6	158.4	153.8	148.5
女性	172.2	181.4	153.8	146.3	146.7	142.1	138.4

2. 安静代谢

安静代谢是指人仅为保持身体平衡及安静姿势所消耗的能量代谢量。一般在工作前或后进行测定。安静代谢率一般取为基础代谢率的 1.2 倍。

3. 劳动代谢

劳动代谢量是指人在工作或运动时的能量代谢量。作业时的能量消耗量是全身各器官系统活动能耗量的总和。最紧张的脑力劳动的能量代谢量不会超过安静代谢量的 10%,而肌肉活动的能耗量却可高出基础代谢的 10~25 倍。它和体力劳动强度直接相关,对研究劳动管理(工资、定额、制度等)和劳动卫生学都是极为重要的。

三、能量代谢率

由于人的体质、年龄和体力等的差别,从事同等强度的体力劳动所消耗的能量因人而异,这样就无法用能量代谢量进行比较。为了消除个人之间的差别,采用劳动代谢量和基础代谢量之比来表示某种体力劳动的强度。这一指标称为能量代谢率(Relative Metabolic Rate,RMR)。

$$RMR = \frac{劳动时总能耗量 - 安静时能耗量}{基础代谢量}$$

在同样条件、同样劳动强度下,不同的人劳动代谢量虽然不同,但劳动代谢率是基本相同的。表4-2 给出 RMR 的一般实测值,有助于建立联系实际的概念。

表 4-2 实测的 RMR 表

活动项目	动作内容	RMR
睡眠		基础代谢率×90%
整装	洗脸、穿衣、脱衣	0.5
扫除	扫地、擦地	2.7
	扫地	2.2
	擦地	3.5
做饭	准备	0.6
	做饭	1.6
	饭后收拾	2.5
运动	广播体操的运动量	3.0
用餐、休息		0.4
上卫生间		0.4
步行	慢走散步(45 m/min)	1.5
	一般速度(71 m/min)	2.1~2.5
	快走(95 m/min)	3.4~4
	跑步(150 m/min)	8.0~8.5
上、下班	骑自行车(平地)	2.9
	乘汽、电车(坐着)	1.0
	乘汽、电车(站着)	2.2
	乘轿车	0.5
楼梯	上楼时(46 m/min)	6.5
	下楼时(50 m/min)	2.6
学习	念、写、看、听(坐着)	0.2
笔记	用笔记录(一般事务)	0.4
	记账、算盘计算	0.5

📋 **课堂讨论**

1. 从能量消耗的途径对比百米冲刺和 200 m 慢跑人的感受有什么不同?
2. 以自身为例,跑完 1 万米,为什么会有头晕、腿软的感受?

◎ **实训任务**

写出上课当天的行程表,依据表 4-2 实测的 RMR 表,算出当天的能量代谢率。

◎ **思考与练习题**

何谓基础代谢、安静代谢和劳动代谢?

任务二　劳动强度及其分级

一、劳动强度

劳动强度为作业中人在单位时间内做功和机体代谢能力之比。通常所说的轻、重劳动是另有含义的。如作业密度高,作业虽少但劳动量较大;或者作业强度虽不大、不费力气,但是站着作业(如教师、营业员、理发师、厨师等);或者是作业姿势是强制的,精神非常紧张等,都会被评为重劳动或劳累的工作。

1. 静力作业

静力作业主要是依靠肌肉的等长收缩来维持一定的体位,身体和四肢关节保持不动时所进行的作业。

当肌肉的等张力收缩的肌张力在最大随意收缩的 15% ~ 20% 以下时,不管此时参与的肌肉有多少,只要收缩的张力是相对稳定的,这种静力作业就可以维持较长的时间。

静力作业的特征是能耗水平不高,但却容易疲劳。

2. 动力作业

动力作业是靠肌肉的等张收缩来完成作业动作的,即经常说的体力劳动。

二、劳动强度的分级

劳动强度的大小可以用耗氧量、能量消耗量、能量代谢率及劳动强度指数等加以衡量。

1.国际劳工局分级标准

一种划分劳动强度的方法是按耗氧量划分为 3 级:中等强度作业、大强度作业及极大强度作业。

中等强度作业,氧需不超过氧上限。中等强度又分为 6 级:很轻、轻、中等、重、很重和极重 6 级。

2.我国劳动强度的分级标准

在《工业企业设计卫生标准(GBZ 1-2002)》(Hygienic standards for the Design of Industrial Enterprises)中附录 B(规范性附录)中规定了我国的体力劳动强度分级方法。

(1)体力劳动强度分级

体力劳动强度分级采用体力劳动强度指数(I)为分级指标,将体力劳动强度分为 4 级。

表 4-3　我国体力劳动强度分级

劳动强度指数(I)	级　别	强　度
≤15	I	轻
15 ~ 20	II	中
20 ~ 25	III	重
>25	IV	过重

(2)劳动强度指数 I 的计算

劳动强度指数 I 的计算公式:

$$I = M \cdot 10 \tag{4-1}$$

式中　I——体力劳动强度指数;

M——8 小时工作日平均能量代谢率[kcal/(min·m²)]。用下式计算:

$$M = \frac{1}{T_a} \sum_{i=1}^{n} (A_{yi} \cdot A_{ti}) \tag{4-2}$$

式中　A_{yi}——同类活动能量代谢率[kcal/(min·m²)];

A_{ti}——同类活动时间(min);

T_a——工作日总时间(min)。

按表 3-4 的分级标准,8 小时工作日内平均散热量(能量消耗)为:

Ⅰ级:110 kcal/(h·per)

Ⅱ级:170 kcal/(h·per)

Ⅲ级:220 kcal/(h·per)

Ⅳ级:300 kcal/(h·per)

注:1 kcal = 4.18 kJ

三、能量代谢率的测定方法

能量代谢率的测定方法主要有工时记录表、平均能量代谢率(M 值)和各劳动项目的能量代谢率的测定等方法,本书主要介绍各劳动项目的能量代谢率的测定,具体操作见实训任务。

课堂讨论

为什么要进行劳动强度分级?

实训任务

能量代谢率测定方法

能量代谢率测定方法和步骤如下所示。

1. 工时记录表

每天选择受测工种工人 1~2 名,自上班至下班跟随记录其从事各项活动和休息的起止时间,连续(或间断)测定 3 d,取 3 d 的平均值。如遇生产不正常或发生事故时,不作为正式记录。工时记录表的格式见表 4-4。

表 4-4　劳动工时记录

动作名称	开始时间/(h·min)	占用时间/min	备　注

2. 平均能量代谢率(M 值)

根据表 4-4 将各种操作归类(近似的活动归为一类),休息为一类。再计算出各项活动与休息在一个工作日内累计占用时间。然后分别测定各项活动和休息时的能量代谢率,再乘以相应的工作日累计占用时间,最后计算工作日总能量消耗值。

表 4-5 某工种能量消耗统计表

劳动项目	平均能量代谢率 /[kcal · (min · m²)⁻¹]	工作日占用工时 /min	能量消耗值 /(kcal · m⁻²)
	a	b	$a \times b$
走路	1.000	40	40
搬运	3.400	100	340
清砂	2.000	60	120
装车	2.500	40	100
卸车	2.000	90	180
杂活	1.200	30	36
休息	0.900	120	108
合计	—	480	924

平均能量代谢率(M)可由表 4-5 的测定结果利用能量代谢率公式计算获得,即

平均能量代谢率(M)[kcal/(min · m²)]924/480 = 1.925

代入劳动等级计算公式:$I = M \cdot 10$

$$I = 1.925 \times 10 = 19.25(Ⅱ 级)$$

按表 4-3 分级,该工种劳动强度为 Ⅱ 级。

3. 各劳动项目的能量代谢率(M)的测定

在操作者从事该项操作 5 min 后,给受试者戴上肺通气量计的采气口罩(务必要严紧,保证不漏气),启动开关采集操作时呼出气,一般可采气 2~5 min,关闭采气开关记录肺通气量,再根据计算公式计算能量代谢率。每项操作要采测 5~10 个样品(5 个样品最好在不同人身上完成,如受条件所限也可在同一人身上重复多次)取平均值(按表 4-6 所示记录表要求操作)。

表 4-6　能量代谢测定记录表

工种	操作项目名称	时间	年 月 日
姓名	性别	年龄	身高　　cm
体重　kg		体表面积　　cm²	

肺通气量　　L/min　　　　　　标准状态气体量　　　　L/min

每平方米、每分钟肺通气量(x)　　　　　　L/($min \cdot m^2$)

能量代谢率(Ye)　　　　　　　　kcal/($min \cdot m^2$)

代入公式:$\log Ye = 0.094\ 5x - 0.537\ 94$　　①

　　　　　$\log(13.26 - Ye) = 1.164\ 8 - 0.012\ 5x$　　②

　　　　x:肺通气量[L/($min \cdot m^2$)]

　　　　Ye:能量代谢率[kcal/($min \cdot m^2$)]

　　　　肺通气量为 3.0~7.3L/($min \cdot m^2$)时采用公式　①

　　　　肺通气量为 8.0~30.9L/($min \cdot m^2$)时采用公式　②

　　　　肺通气量为 7.4~7.9 采用公式①+②的平均值

　　　　体表面积(m^2) = 0.061 × 身高(cm) + 0.012 8 × 体重(kg) - 0.152 9

根据表4-6 计算出的 Ye 值,按表4-7 归纳,计算各单项操作(包括休息)平均能量代谢率[kcal/($min \cdot m^2$)],再将其纳入表4-6 中参加进一步计算。

表 4-7　单项操作平均能量代谢率统计率

样品号	操作名称					
	搬运	清砂	卸车	装车	走路	休息
1						
2						
3						
⋮						
10						
平均						

思考与练习题

体力劳动是如何分级的?

任务三　作业疲劳及其分类

作业疲劳是作业研究的一个重要内容,因而也是人机学及工效学的主要研究内容。运用劳动生理学和心理学的原理研究作业疲劳及疲劳的恢复,保障工人健康和作业安全,从而充分发挥作业人员的主动性和积极性,提高劳动生产率是极为重要的。

一、疲劳与作业疲劳

疲劳是一个很难准确解释的概念,迄今尚无统一的确切定义。常见的有下述两种说法:一种定义为疲劳就是作业者在作业过程中,产生作业机能衰退,作业能力明显下降,有时并伴有疲倦等主观症状的现象;另一种定义为疲劳就是人体内的分解代谢和合成代谢不能维持平衡。

作业疲劳是劳动生理的一种正常表现,它起着预防机体过劳的警告作用。从正常作业状态到主观上出现疲劳感直到完全筋疲力尽有一个时间过程。疲劳程度的轻重决定于劳动强度的大小和持续劳动时间的长短。

心理因素对疲劳感的出现也起有作用。对工作厌倦、缺乏认识和兴趣而不安心工作,极易出现疲劳感;相反,对工作具有高度兴趣和责任感或有所追求,则疲劳感常出现在生理疲劳很长时间以后。

二、疲劳的类型

疲劳不仅是生理反应,而且还包含着大量的心理因素、环境因素等。通常,疲劳可分为 5 种类型。

1. 个别器官疲劳

个别器官疲劳如计算机操作人员的肩肘痛、眼疲劳;打字、刻字、刻蜡纸工人的手指和腕疲劳等。

2. 全身性疲劳

全身性疲劳是指全身动作,进行较繁重的劳动,表现为全身肌肉关节酸痛、困乏思睡、作业能力下降、错误增多、操作迟钝混乱、甚至打瞌睡等。

3. 智力疲劳

长时间从事紧张脑力劳动引起的第二信号系统活动能力的减退,表现为头昏脑涨、全身乏力、肌肉松弛、嗜睡或失眠等。

4. 技术性疲劳

技术性疲劳常见于体力脑力并用的劳动,如驾驶汽车、收发电报、飞机的驾驶作业以及操作半自动化生产线设备时都易出现这种疲劳现象。

5. 心理性疲劳

心理性疲劳多是由单调的作业内容引起的。例如,监视仪表的工人,表面上坐在那里悠闲自在,实际上并不轻松。信号率越低越容易疲劳,使警觉性下降。这时的疲劳并不是体力上的,而是大脑皮层的一个部位经常兴奋引起的抑制。

6. 周期性疲劳

根据疲劳出现的周期长短,又可分为年周期性疲劳和月、周、日的周期性疲劳。这种疲劳出现的周期越长,就越受社会因素和心理因素的影响。例如,工人在春节休假后刚上班的开始几天,作业能力总是呈现出低水平,而且主观上有明显的疲劳感。在期末考试以后,学生既觉得轻松,又感到疲劳。

三、疲劳的某些规律

①最显而易见的是,青年作业人员作业中产生的疲劳较老年人少,而且易于恢复。这很容易从生理学上得到解释,因为青年人的心血管和呼吸系统比老年人旺盛,供血、供氧能力强。某些强度大的作业是不适合老年人的。

②疲劳可以恢复。对于疲劳,年轻人比老年人恢复得快。体力上的疲劳比精神上的疲劳恢复得快。心理上造成的疲劳常与心理状态同步出现,同步消失,所以对于厌烦工作的人采取必要的规劝、批评教育和处分的措施是必要的。

③疲劳有一定的积累效应,未完全恢复的疲劳可在一定程度上继续维持到次日。人们在重度劳累之后,第二天还感觉到全身无力,不愿动作,这就是积累效应的表现。

④人对疲劳也有一定的适应能力。例如,连续工作十几天,反而不觉得累了,这是体力上的适应性。

⑤在生理周期中(如生物节律低潮期、月经期)发生疲劳的自我感受较重,相反在高潮期较轻。

⑥环境因素直接影响疲劳的产生、加重和减轻。例如,噪声可加重甚至引起疲劳,而优美的音乐可以舒张血管、松弛紧张的情绪而减轻疲劳感。所以在某些作业过程中、休息时间和上班后听听音乐是很值得提倡的。

⑦工作的单调是疲劳的一个重要因素,尤其在现代形形色色的作业流水线开发之后,依附于流水作业的人员,周而复始地做着单一的、毫无创造的、重复的工作。这种没有兴趣的"机器人"作业,使人易于厌烦、疲劳。从生理上分析,公式化的单调动作,使人容易产生局部疲劳。这一道理可以用美国心理学家格雷的话说明:"工作的枯燥无味,使美国工业每年损失400万美元,它们中间许多不是不可避免的。"

这种厌倦心理可以从下述事实得到明确的证明。有单调感的工人其工作效率往往在接近下班时反而有所上升。这是由于作业者预感到快要从单调工作中解放因而兴奋所致,这就是所谓的"最后迸发"。

课堂讨论

哪些作业属于单调性作业?

实训任务

很多同学去英业达或富士康做过兼职,做过一段时间后你有什么感觉? 安排同学们到物流实训室或金工实习车间做一个工作或动作坚持做3天,看做完后同学们有什么感觉? 如何克服这种单调感?

思考与练习题

1. 疲劳的类型有哪些?
2. 疲劳有哪些规律?

任务四 提高作业能力和降低疲劳的措施

一、疲劳与安全

作业疲劳可使作业者产生一系列精神症状、身体症状和意识症状,这样就必然影响作业人员的工作。疲劳很容易引起事故,常见的与疲劳有关的事故如下。

1. 睡眠休息不足、困倦引起的事故

这类事故多见于夜班或长时间作业未得到休息的情况,多为技术性作业事故。

如某矿的卷扬机司机,白天休息不充分,夜班时打盹,开动卷扬机后即进入半睡眠状态,以致造成过卷事故,拉断钢绳,坠入井底。又如某个体汽车司机昼夜连续行车,最后困倦不支,车辆失去控制,坠入公路桥下,车毁人亡。类似事故不胜枚举。

体力为主的劳动,事故危险性小。立位工作比坐位工作更安全,因为坐位技术性作业者更易因困倦而入睡,在极度疲劳和困倦时,往往无法自我控制。

2. 疲劳心理作用

疲劳常造成心绪不宁,思想不集中,心不在焉,对事物反应淡漠、不热心,视力、听力减退等。如某建筑工地拆除方形脚手架,事先约定,上部每扔下 3 根木杆,下部人员进入脚手架下抽取木杆一次。但是因下部作业的工人上班前通宵赌博,过度疲劳,精神恍惚,工作几个周期后下部没有反响,上部作业人员下来才发现下面的工人已被脚手架压死。

3. 反应和动作迟钝引起的事故

疲劳感越强,人的反应速度越慢,手脚动作越迟缓。某钢厂厂区内铁路纵横交错,道口很多。疲劳状态下的工人在下班途中或作业中常不能敏锐地觉察侧面和后面来车,因而引起伤亡事故。如在一次调车中,正在操作毫无觉察的操作工被撞倒致死。又如某矿井,3 名工人因疲劳靠在矿定处休息,突然矿壁塌落,一名坐着休息的工人被砸死,两名立位工人受重伤。一方面是因为疲劳,没有正确地选择休息地点;另一方面是因为疲劳后感官敏感度下降,不能及时觉察塌落预兆。

4. 重体力劳动的省能心理

重体力劳动常给作业人员造成一种特殊的心理状态——省能心理,反映在作业动作上,常因简化而违反操作规程。例如,某机械厂作业空间有限,条件恶劣、照明不良、噪声水平过高等,走进工作场所,已感几分疲倦,所以在动作上,常是粗放、简单地搬运,移动设备时往往抛上摔下。

5. 疲劳与机械化程度

历史地分析事故发生率,可以发现:手工劳动时期事故率低,高度机械化、自动化作业事故率也较低;半机械化作业事故率最高,其中包含许多人机学问题。在半机械化作业时,人必须围绕机械进行辅助作业,由于人比机械力气小,动作慢,因此往往用力较大造成疲劳,再加上人机界面上存在问题就会导致事故的发生。例如:在鞍山市(包括鞍钢)1984—1987 年 4 年间的死亡事故中,70% 属于半机械化作业。具体事故多在人机配合上,作业人员奋力工作,在力所不及情况下发生事故。

6. 环境因素加倍疲劳效应

例如,各工业部门在高温季节(7、8 月份)事故发生率较高;室外作业则在寒冷季节事故率增大。图 4-1 所示为某大钢铁企业 30 年来事故率随气温和月份变化的统计图。

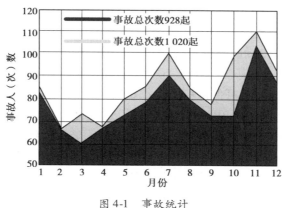

图 4-1 事故统计

二、疲劳的改善与消除

在目前的发展水平上,疲劳发生在很多的作业岗位上,机械化、自动化的进步可以消灭许多笨重体力劳动,从而消除了笨重体力劳动所造成的重度疲劳。但是看管监测仪表、计算机作业等又带来了新类型的疲劳,这正是人机工程学研究的课题。

应改善工作条件,保证工人健康,更重要的是保证从安全生产的角度出发,如何减轻疲劳、防止过劳,则是安全人机工程学应研究讨论的重要内容。

1. 提高作业机械化和自动化程度

提高作业机械化和自动化程度是减轻疲劳和提高作业安全可靠性的根本措施。

事故统计资料表明,笨重体力劳动较多的基础工业部门,如冶金、采矿、建筑、运输等行业,劳动强度大,生产事故较机械、化工、纺织等行业均高出数倍至数十倍。死亡事故数字统计说明,我国机械化程度较低的中等煤矿事故死亡人数和美国 20 世纪 50 年代机械化程度相当的煤矿的数字是相近的。而目前在美国矿井下,由于机械化水平很高,只有机械化程度较低的顶板管理中事故居首位。各国发展的趋势,都倾向于由机器人去完成危险、有毒和有害的工作。这些都说明:提高作业机械化、自动化水平,是减少作业人员、提高劳动生产率、减轻人员疲劳、提高生产安全水平的有力措施。

2. 加强科学管理改进工作制度

（1）工作日制度

工作日的时间长短决定于很多因素。最为理想的是工人自己在完成任务条件下,掌握作业时间。例如,云南锡业公司井下工人,作业分散,但是却有放射性辐射的危害。在现有生产条件下,保证完成任务后就可下班,实际生产时间只有 3~5 h(规定为 6 h)。

（2）劳动强度与作业率

劳动强度越大,劳动时间越长,人的疲劳就越重。一定的劳动强度,相应地只能坚持一定的时间。所以,劳动强度越大,工作时间应越短,休息时间应越长。经验表明,$RMR \leqslant 2$ 的作业,可保持稳态工作 6 h;$RMR = 3.6$ 的作业,可持续 80 min;$RMR = 7.0$ 的作业,则工作 10 min 就需休息。这就有必要对不同劳动强度的作业时间,给予科学的评价和规定,使疲劳得到宽裕时间进行消除,以便再次作业。

鞍钢劳动卫生研究所对疲劳消除所做的现场试验说明,以能量代谢的大小计算疲劳的消除时间最为恰当。消除时间计算公式为:

$$T = 0.02 \times (M - 3) \times 1.2 \times t \times 1.1$$

式中　T——消除时间（min）;

　　　M——能量代谢值[kJ/(min · m^2)];

　　　t——纯劳动时间（min）。

根据经验,RMR 超过 7~10 的作业应采用机械化、自动化设备来完成;$RMR > 4$ 应给予必要的间歇休息时间;$RMR < 4$ 可坚持工作,但工作日内的平均 RMR 值不应大于 2.7。因此,制订科学的工作时间表,使作业和休息合理地交叉起来是必要的。

3.工作时间及休息时间

事故是生理、心理和生产条件等不良因素综合作用的结果,而不是过程。一个事物的发展总是从量变到质变。在事故发生之前,已经准备着事故发生的各种条件,疲劳就是重要条件之一。

疲劳表现的形式之一就是工作效率的下降,如图 4-2 所示。工作效率在工作日内的变化曲线说明:工作开始阶段有个适应过程,人体要逐渐发挥出最大能力;经过一段稳定的高效率以后又会下降;午休后又有所上升,但不如上午。

因此应给作业人员一定的宽裕时间,工作时间内的作业率不宜太高。一直不休息,作业人员也会自动调节,做些次要工作,缓解作业的紧张。这样做不如有意识地组织休息时间,选择休息的方式更为积极有效。

意大利学者马兹拉研究发现,工作间隙中多次短期积极休息,比一次长的休息好处更多。工作时间适度或适当减少,能使工人聚精会神,努力工作,产量反而提高。每次小休时间不宜过长和过短。一般中等强度作业,上、下午中间各安排一次 10~20 min 的休息是适当的。

　　某科学家做过试验,让受试者用手臂拉力器试验,拉力为 134 N,每拉 14 次休息 10 min 为周期,一直到筋疲力尽;另外试验每周期休息 2 min,结果效率相当悬殊,如图 4-3 所示,这说明了必要的休息时间的重要性。

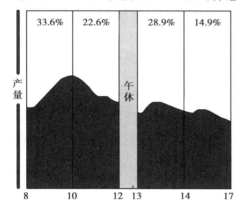

图 4-2　工人一天工作曲线

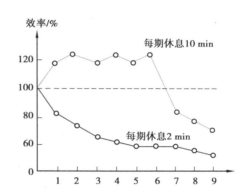

图 4-3　不同休息制度对工效的影响

4. 休息方式

　　工间休息方式可以多种多样。体力劳动强度大的以静止休息为主,但也应做些有上下肢活动、背部活动的体操,以利于消除疲劳。对注意力集中和感觉器官紧张的工作,更应采取积极休息的方式,如工间操、太极拳运动等;计算机操作人员、仪表监视人员在休息时,播放轻松愉快的音乐和歌曲更有利于恢复精神疲劳。

　　工间送茶、送水或送其他饮料,也是调节情绪、缓解疲劳的好方法。

5. 轮班工作制度

　　疲劳与轮班制密切相关。轮班制度的突出问题就是疲劳,改变睡眠时间本身就足以引起疲劳。原因是白天睡眠极易受周围环境的干扰,不能熟睡或睡眠时间不足,醒后仍然感到疲乏无力;另一个原因是,改变睡眠习惯,一时很难适应;再者,与家人共同生活时间少,容易产生心理上的抑郁感。调查资料证明,大多数人都愿意白班工作。

　　夜班作业人员病假缺勤比例高,多数是由呼吸系统和消化系统疾病引起的。因为人的生理机能具有昼夜的节律性。长期已养成"日出而作,日落而息"的生活习惯。安静的黑夜正适于人们休息,消除疲劳。消化系统在早、午、晚饭时间,分泌较多的消化液,这时进食既容易消化又有食欲。夜里消化系统进入休息状态,这时吃饭往往食不知味。

　　轮班工作制在国民经济生产中有着重要意义。首先是提高设备利用率,增加了生产物质财富的时间,从而增加产品产量。这对于人口众多的发展中国家来说更为重要,也相当于扩大了就业人数。其次,某些连续生产的工业部门,如冶金、化工等,其工艺流程不可能间断进行,如医生、民警、通信作业人员等必须昼夜值班。

我国目前的轮班制度是三班三轮制,即白、中、夜班。每班轮流工作和休息。这种轮班制是古老的,同时也是不合理的方式。

每周轮班制使得工人体内生理机能刚刚开始适应或没来得及适应新的节律时,又进入新的人为节律控制周期,所以,工人始终处于和外界节律不相协调的状态。长期的结果,将影响工人健康和工作效率,从而影响到安全生产。

6. 业余休息和活动的安排

业余休息和活动往往被领导者所忽视。实际上,这与生产安全和效率是密切相关的。

①要为轮班的工人提供一个良好的休息条件。

②要组织合理的业余活动。一些人组织的业余活动不仅自己不休息,甚至还影响别人,如有的彻夜打麻将、打扑克等。党、团、工会应组织工人开展有益、丰富多彩的文化娱乐和体育活动,以消除疲劳,增进身心健康,培养高尚的情操。

课堂讨论

1. 每个人都有疲劳的感受,谈一下疲劳有哪些感受,归纳一下疲劳的特性。
2. 疲劳有必要改进吗? 疲劳改进和消除的措施有哪些?

实训任务

安排同学们到汽车总装车间发动机舱装配作业,提出经过 4 h、6 h、8 h、10 h 以及 12 h 后作业人有什么感觉? 有什么方法能够改善人的不适感? 长期从事这样的作业会对人造成什么伤害?

思考与练习题

1. 从保证安全生产的角度出发,如何减轻疲劳、防止过劳?
2. 疲劳有何特点? 其形成机理有哪些?
3. 你认为休息时间应该有哪些休息方式?

任务五   实力实践——疲劳作业送命

一、事故经过

2003年7月18日17时40分左右,嘉善县干窑镇东庄雪生船舶修造厂职工冯××(死者,男,33岁,魏塘镇人)同该厂承包组长王××、职工姚××、许××等一起在一艘600 t新货船车间作业。该船南北放置,船头朝南。在进行船头内部焊接作业时,冯××通过工作梯从上部进入船头内部,刚到达下部,不慎踩空摔倒,手中的电焊钳落到其胸口。在场的其他职工发现后,立即从他胸口移开电焊钳,呼喊没有反应。两职工就进入船头内部把冯××抬出来,放在门板上,请乡村医生进行急救,并报120抢救车,送县第一人民医院抢救,经抢救无效死亡。

二、事故原因分析

事故当天天气炎热,工作场所防暑降温条件差,劳动组织不合理,造成人员极度疲劳,冯××本人体质状况又较差,摔倒后,电焊钳落在胸口,电击致亡(据电力部门现场检测,电焊机空载输出电压为74 V)。

三、事故类别

触电。

四、事故性质

责任事故。

五、事故责任

①冯××操作不当,所持的焊工合格证书,为非安全生产监督管理部门颁发的有效证件,属无证作业,负有直接责任。

②企业法定代表人邱××对该起事故负有领导责任。

③承包组组长王××现场安全监管不力,防护措施不到位,组织劳动不合理,负有间接责任。

六、对责任者的处理

①对干窑东庄雪生船舶修造厂法定代表人邱××进行批评教育和行政处罚。

②对干窑东庄雪生船舶修造厂承包组组长王××,由该厂给予批评教育和经济处罚。

③干窑镇人民政府根据"干窑镇安全生产责任书"规定对该企业进行处理。

七、整改措施

①召开全厂职工大会,通报事故情况,进行安全生产教育。

②完善企业安全生产责任制、安全管理制度和操作规程。

③对个别职工无电焊、气割特种作业上岗操作证的,不准继续上岗作业。加强劳动保护用品的发放使用和防护设施的设置。

④按规定使用工业氧气、电焊机、电气等设备,加强日常检修,保持良好、安全的工作状态。

能力单元五　人机界面安全设计

从北京奥运会开幕式到索契冬奥会开幕式，近年来，LED大屏幕显示越来越受到重视。2014年2月8日，全球瞩目的俄罗斯索契冬奥会开幕式在俄罗斯联邦索契市举行。开幕式现场美轮美奂的声光效果给全世界人民留下了深刻的印象，同时也上演了两个显示器的问题。

1.在全场进入倒计时时，当倒计时由10跳到5时，倒计时牌突然黑屏，使主办方十分尴尬。

2.在开幕式开场时，大屏幕上展示的由5朵雪绒花变化为奥运五环时也出现了问题，导致最终的五环造型只剩下"四环"。

在日常生活中，因显示器和控制器问题引发的事故较多，学习完本单元你将能进行基本的显示器和控制器的设计，并能进行改进和优化。

任务一　显示器设计

一、显示装置的类型

显示器是机器将信息传递给人的装置，即人机信息交换的界面。显示装置是人机系统中人机界面的主要组成部分之一。人依据显示装置所传示的机器运行状态、参数、要求，才能进行有效的操作、使用。信息传递与处理的速度、质量直接影响着工作效率。由于显示器的设计决定着操作者接受信息的速度和准确度，因此现代工业产品设计必须重视显示器设计。

显示装置按人接受信息的感觉器官可分为：视觉显示装置、听觉显示装置、触觉显示装置。从设计的角度来看，视觉通道最为重要，它接受外界信息量可达人接受信息总量的85%，另外15%左右的信息量则是通过听觉、触觉、嗅觉等感觉通道获得。因此，视觉显示器设计是显示器设计的重点。

表 5-1　3 种方式所传递的信息特征

显示方式	所传递的信息特征	显示方式	所传递的信息特征
视觉显示	①比较复杂、抽象的信息或含有科学技术术语的信息　②传递的信息很长或需要迟延者　③需用方位、距离等空间状态说明的信息　④以后有被引用可能的信息　⑤所处环境不适合听觉传递的信息　⑥适合视觉传递,但听觉负荷已很重的场合　⑦不需要急迫传递信息　⑧传递的信息常需同时显示、监督和操作	听觉显示	①较短或无须迟延的信息　②简单且要求快速传递的信息　③视觉通道负荷过重的场合　④所处环境不适合视觉通道传递的信息
		触觉显示	①视、听觉通道负荷过重的场合　②使用视、听觉通道传递信息有困难的场合　③简单并要求快速传递的信息

　　视觉显示的主要优点是:能传示数字、文字、图形符号,甚至曲线图表、公式等复杂的科技方面的信息,传示的信息便于延时保留和储存,受环境的干扰相对较小。听觉显示的主要优点是:即时性、警示性强,能向所有方向传示信息且不易受到阻隔,但听觉信息与环境之间的相互干扰较大。由于人对突然发生的声音具有特殊的反应能力,因此听觉显示器作为紧急情况下的报警装置,比视觉显示器具有更大的优越性。表 5-1 给出了上述 3 种方式所传递的信息特征。

　　仪表是信息显示器中应用极为广泛的一种视觉显示器。一般可按显示形式分为数字式显示器和模拟式显示器两大类。

　　①数字式显示器是直接用数码来显示信息的仪表,如各种数码显示屏、机械或电子的数字计数器等。其优点为:作为定量显示,在静态显示的条件下数字显示产生的误读率较低,而且认读需占用的时间也较短。

　　格雷瑟在 1949 年用 8 个指针式仪表和一个数字显示仪表,作为飞机高度计,显示飞机不同的高度,如图 5-1 所示,对受过训练的飞行员和大学生进行认读实验。发现飞机上原来采用的三针式高度计误读率最高并且认读时间最长。1958 年 4 月晚,一架子爵号飞机在准备向普斯威克机场降落时,机长将三针式高度计的 2 500 英尺(1 ft = 0.304 8 m)误读为 12 500 英尺,结果飞机撞毁在地面上。

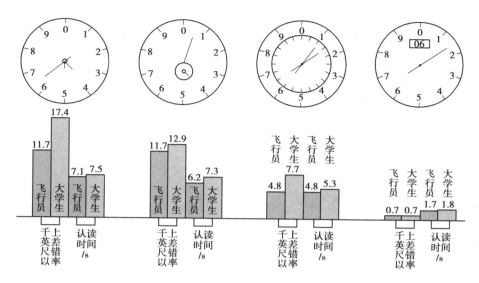

图 5-1　格雷瑟的实验仪表

②模拟式显示器是用标定在刻盘上的指针来显示信息的,如手表、电流表、电压表等。这类显示器的优点为:显示的作用不仅是用来提供准确的定量信息,许多情况下还要表示机器的稳定状态,给出供检查用的信息等。

③模拟式与数字式显示的功能比较见表 5-2。

表 5-2　模拟式与数字式显示仪表的特点

对比内容	模拟式显示仪表	数字式显示仪表
信息	①读数不够快捷准确 ②显示形象化、直观,能反映显示值在全量程范围内所处的位置 ③能形象地显示动态信息的变化趋势	①认读简单、迅速、准确 ②不能反映显示值在全量程范围内所处的位置 ③反映动态信息的变化趋势不直观
跟踪调节	①难以完成很精确的调节 ②跟踪调节较为得心应手	①能进行精确的调节控制 ②跟踪调节困难
其他	①易受冲击和振动的影响 ②占用面积较大,要求必要照明条件	一般占用面积小,常不需另设照明

续表

对比内容	模拟式显示仪表	数字式显示仪表
综合性能	①可靠性高 ②稳定性好 ③易于显示信号的变化趋向 ④易于判断信号值与额定值之差	①精度高 ②认读速度快 ③无差补误差 ④过载能力强 ⑤易与计算机联用
局限性	①显示速度慢 ②易受冲击和振动的影响 ③环境因素影响较大 ④过载能力差 ⑤质量控制困难	①显示易跳动或失效 ②干扰因素多 ③需内附或外附电源 ④元件或焊接件存在失效问题
发展趋势	①提高精度与速度 ②采用模拟与数字混合型显示仪表	①提高可靠性 ②采用智能化显示仪表

二、刻度盘指针式显示器的设计

指针式仪表是用模拟量来显示与机器有关的参数与状态的视觉显示装置,其特点是显示的信息形象、直观,监控作业效果好。

1. 刻度盘的形式

刻度指针式仪表的常见形式如图 5-2 所示。图 5-2(a)为开窗式,认读区域很小,视线集中,因此读数准确快捷,但对信息的变化趋势及状态所处位置不能一目了然,跟踪调节也不方便,今后会因数字式仪表的发展而逐渐被替代。图 5-2(b)所示的半圆形仪表盘实际上与图 5-2(f)、(g)、(h)那样的非整圆形仪表盘的特点是类似的,只不过后 3 种在式样上显得更灵活一些。图 5-2(c)为圆形仪表盘,视线的扫描路径短,认读较快,缺点是读数的起始点和终止点可能混淆不清。图 5-2(d)、(e)两种都是直线形的仪表盘,观察时视线的扫描路径长,因此认读比较慢,误读率高,为图示几种形式中较差的形式。由人的视觉运动特性(目光水平方向巡视比铅垂方向快)可知,其中铅垂直线形比水平直线形更差。

2. 仪表刻度盘的尺寸

仪表刻度盘尺寸选取的原则是:在基本保证能清晰分辨刻度的条件下,应选取较小的直径。人们常认为刻度盘尺寸大一点,容易看清楚,比较好。刻度盘尺寸太

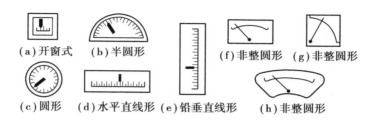

图 5-2　刻度指针式仪表的形式

小,分辨刻度困难,固然不行;但如果在能分辨刻度的情况下还继续加大刻度盘尺寸,就使认读时视线扫描路径增加,不但使认读时间加长,也使误读率上升。另外,刻度盘大了也不利于设计的紧凑和精致。

测试研究表明,刻度盘外轮廓尺寸(例如圆形刻度盘的直径)D 可在观察距离(视距)L 的 1/23 ~ 1/11 选取。表 5-3 给出的刻度盘尺寸与视距的关系,已经考虑了刻度标记数量的影响。

表 5-3　刻度盘最小尺寸、标记数量与视距的关系

刻度标记的数量	刻度盘的最小直径/mm	
	视距为 500 mm	视距为 900 mm
38	26	26
50	26	33
70	26	46
100	37	65
150	55	98
200	73	130
300	110	196

仪表盘的外轮廓尺寸,从视觉的角度来说,实际上是仪表盘外边缘构件形成的界线尺寸。因此该界线的宽窄、颜色的深浅都影响着仪表的视觉效果,也是仪表造型设计中应适当处理的因素。从视觉考虑,以能"拢"得住视线,又不过于"抢眼"、不干扰对仪表的认读为佳。

三、刻度、刻度线

1. 刻度标值

刻度值的标注数字应取整数,避免小数或分数。每一刻度对应 1 个单位值,必要时也可以对应 2 个或 5 个单位值,以及它们的 10,100,1 000,……倍。刻度值的递增方向应与人的视线运动的适宜方向一致,即从左到右、从上到下,或顺时针旋转方向。刻度值宜只标注在长刻度线上,一般不在中刻度线上标注,尤其不标注在短刻度线上。图 5-3 所示为刻度标值适宜与不适宜的示例。

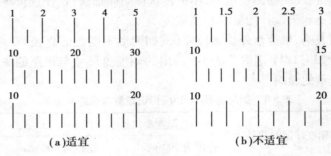

图 5-3　适宜与不适宜的刻度标值示例

2. 刻度间距

刻度盘上两个最小刻度标记(如刻度线)之间的距离称为刻度间距,简称刻度。刻度太小,视觉分辨困难;刻度过大,也使认读效率下降。实验测定,在一般的照明条件下,刻度间距 D 与视距 L 应有关系:

$$D = (5/3\ 438 \sim 11/3\ 438)L \approx L/700 \sim L/300$$

当要求认读速度较快,例如观察时间在 0.5 s 以下时,刻度应在上式中取接近上限的数值,甚至可以适当加大,且最小刻度间距不宜小于 0.6 ~ 0.8 mm。刻度间距的最小值还受到刻度盘材料加工性能的影响,钢、铝和有机玻璃等的最小刻度为 1.0 mm,黄铜和锌白铜的最小刻度为 0.5 mm。

3. 刻度线

刻度线一般分短、中、长三级,如图 5-4 所示。刻度线的宽度一般可在刻度间距的 1/8 ~ 1/3 的范围内选取。若刻度线的宽度能按短线、中线、长线顺序逐级加粗一些,将有利于快速地正确认读,如图 5-5 所示为三级刻度线宽度、长度的一个示例。刻度线的长度基本取决于观察视距,参考值见表 5-4。

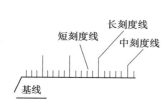

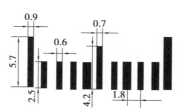

图 5-4　三级长度的刻度线　　　　图 5-5　三级刻度线宽度、长度的示例

表 5-4　刻度线长度与视距的关系

视距/m	刻度线长度/mm		
	长刻度线	中刻度线	短刻度线
0.5 以内	5.5	4.1	2.3
0.5~0.9	10.0	7.1	4.3
0.9~1.8	20.0	14.0	8.6
1.8~3.6	40.0	28.0	17.0
3.6~6.0	67.0	48.0	29.0

四、指针与盘面

　　指针的形状应有鲜明的指向性特征,如图 5-6 所示。指针的色彩与盘面底色也应形成较鲜明的对比。指针头部的宽窄宜与刻度线的宽窄一致。长指针的长度,在不遮挡数码且与刻度线间保留间隙的前提下,宜尽量长些;短指针的长度应兼顾视觉可视性,即与长指针能明确地区别,这些都关系到仪表的认读性能。

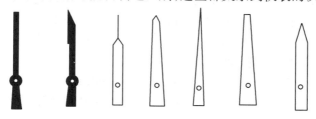

图 5-6　指针造型的指向性示例

　　字符与数码的上与下的朝向,可称为字符数码的立位。仪表盘面上字符数码立位的正确选择,与指针盘面的相对运动关系有关,也就是与指针盘面的结构有关。以如图 5-7 所示的例子来加以说明。

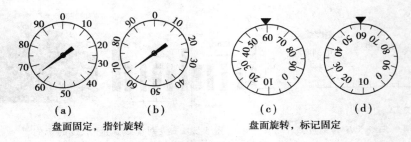

图 5-7　刻度盘结构与字符数码的立位

图 5-8(a)和图 5-8(b)的结构都是盘面固定、指针旋转,其中图 5-8(a)中字符铅垂方向正向立位,容易认读;而图 5-8(c)、(d)中的字符向圆心方向立位,认读就困难了,"60"看着像"09",等等。图 5-8(c)和图 5-8(d)的结构都是盘面旋转、"▲"标记固定不动,其中图 5-8(c)的字符与图 5-8(b)一样是向圆心方向立位的,但所有字符随盘面旋转到标记"▲"的位置时,都成为铅垂方向的正向立位,便于认读。而对于图 5-8(d)的字符则很容易发生认读错误。

五、数码与字符设计

1. 数码和字符的形状设计

数码和字符的设计,应使其与其他数码和字符相区别的特征得以加强,而使那些容易与其他数码和字符相混淆的部分得以减弱。并在不同的视觉条件下(可见度、瞬间辨认等),使数码和字符具有便于认读的特征。

2. 数码和字符大小设计

视觉传达设计中文字的合理尺寸涉及的因素很多,主要有观看距离(视距)的远近、光照度的高低、字符的清晰度、可辨性、要求识别的速度快慢等。其中清晰度、可辨性又与字体、笔画粗细、文字与背景的色彩搭配对比等有关。上述这些因素不同,文字的合理尺寸可以相差很大。所以各种特定、具体条件下的合理字符尺寸,常需要通过实际测试才能确定。

在以下 3 个方面的一般条件下,即①中等光照强度;②字符基本清晰可辨(不要求特别高的清晰度,但也不是模糊不清);③稍作定睛凝视即可看清,则经人机学工作者测定的基本数据是:

字符的(高度)尺寸 = (1/200)视距 ~ (1/300)视距

通常情况下,若取其中间值,则有

$$字符的(高度)尺寸 = \frac{视距}{250}$$

由这一简单公式,得到视距 L 与字符高度尺寸 D 之间的对照关系,见表5-5。

表5-5　一般条件下字符高度尺寸 D 与视距 L 的对照关系

视距 L/m	1	2	3	5	8	12	20
字符高度尺寸 D/mm	4	8	12	20	32	48	80

如果情况与上述"一般条件"的 3 条基本符合或接近,则表5-6 所列数据可直接或参照使用。

表5-6　仪表盘上字符的高度与视距

视距/m	字高/mm	视距/m	字高/mm
0.5 以内	2.3	1.8 ~ 3.6	17.3
0.5 ~ 0.9	4.3	3.6 ~ 6.0	28.7
0.9 ~ 1.8	8.6		

3. 字符的笔画粗细

①笔画少字形简单的字,笔画应该粗;笔画多字形复杂的字,笔画应该细。

②光照弱的环境下字的笔画需要粗,光照强的环境下字的笔画可以细。

③视距大而字符相对小时笔画需要粗,反之笔画可以细。

④浅色背景下深色的字笔画需要粗,深色背景下浅色的字笔画可以细。

较极端的情况是:白底黑字需要更粗一些,黑底白字可以更细一些;暗背景下发光发亮的字尤其应该细。

4. 字符的排布

视觉传达中字符排布的一般人机学原则如下。

①从左到右的横向排列优先;必要时采用从上到下的竖向排列;尽量避免斜向排列。

②行距:一般取字高的 50% ~ 100% 。字距(包括拉丁字母和阿拉伯数字间的间距):不小于一个笔画的宽度。拼音文字的词距:不小于字符高度的 50% 。

③若文字的排布区域为竖长条形,且水平方向较窄,容纳不下一个独立的表意单元(可能是一个词汇或词汇连缀等),则汉字可以从上到下竖排,但拼音文字应采用将水平横排逆时针旋转 90° 的排布形式。

④同一个面板上,同类的说明或指示文字宜遵循统一的排布格式。

5. 字符与背景的色彩及其搭配

字符与背景的色彩及其搭配,如图 5-8 所示。

清晰的配色										
序号	1	2	3	4	5	6	7	8	9	10
背景色	黑	黄	黑	紫	紫	蓝	绿	白	黑	黄
主体色	黄	黑	白	黄	白	白	白	黑	绿	蓝
效果	颜	颜	颜	颜	颜	颜	颜	颜	颜	颜
模糊的配色										
序号	1	2	3	4	5	6	7	8	9	10
背景色	黄	白	红	红	黑	紫	灰	红	绿	黑
主体色	白	黄	绿	蓝	紫	黑	绿	紫	红	蓝
效果	颜	颜	颜	颜	颜	颜	颜	颜	颜	颜

图 5-8　颜色的搭配及清晰程度

六、仪表布置

单个的仪表,或者仪表板、仪表柜上多个显示装置的布置,应遵循的一般原则如下。

①使显示装置所在平面与人的正常视线尽量接近垂直,以方便认读和减少读数误差。

如图 5-9(a)所示为正常立姿、坐姿及适宜视距下的显示板平面位置,注意正常视线是在水平线以下。现在汽车的仪表板都基本按这一原则设置,如图 5-9(b)。

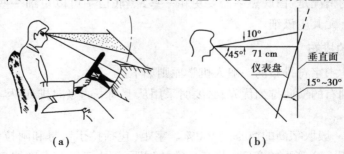

（a）　　　　　　　　（b）

图 5-9　显示装置平面与视线尽量垂直

②根据前述,人的视野、视区特性,显示装置的布置应紧凑,以适度缩小仪表板的总范围;并按重要性和观视频度,将显示器分别布置在合适的视区内。

在显示装置较多,仪表板的总面积较大时,宜将仪表板由平面形改为弧围形或折弯形,如图 5-10(a)所示。这有利于加快正确认读,缓解眼睛的疲劳。图 5-10 (b)所示的汽车仪表布置也遵循了"等视距"的原则。

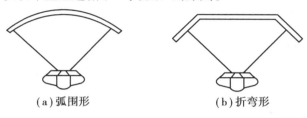

(a)弧围形　　　　　(b)折弯形

图 5-10　弧围形、折弯形仪表板

③根据操作的流程,有些仪表板上的仪表有固定的观察顺序,这些仪表就应按前述目光巡视特性(即视觉运动特性),依观察顺序从左到右、从上到下,按顺时针方向旋转来布置。

④显示装置的布置,应与被显示的对象有容易理解的一一对应的关系。使显示装置及其显示对象具有空间几何的一致性,是两者良好对应关系最自然、最简单的形式;显示装置布置还有一个重要方面,就是应该遵循显示与操纵的互动协调原则。

课堂讨论

从人机工程学的角度出发,分析本教室计算机显示器的优缺点。

实训任务

以小组为单元,每个小组设计一个满足安全人机工程要求的信号显示装置、图形符号设计或听觉显示装置,并对对应装置进行改进设计。

思考与练习题

1. 仪表刻度盘尺寸选取的原则有哪些?
2. 视觉传达设计中文字的合理尺寸涉及的因素有哪些?

任务二　控制器设计

控制装置是人与机交互过程中的重要装置。当操纵者通过显示装置得到机器设备或者环境的显示信息之后,就要通过控制装置将控制信息传输给机器。

一、控制器的类型与选用

1. 操纵器的类型

操纵控制器种类较多,为便于分析研究,可以从不同的角度进行分类,简述如下。

(1)按操控方式划分

①手动控制器。如各种手柄、按钮、旋钮、选择器、杠杆、手轮等。

②脚动控制器。如脚踏板、脚踏钮等。

这些控制器与人的肢体有关,其外形、大小、位置、运动方向等,都要适合于人的生理特征,便于手和脚的操作。

(2)按控制器的功能划分

一般分为开关式控制器、转换式控制器、调节式控制器、制动控制器等类型。

(3)其他控制器

其他控制器主要有光控制器和声控制器,它们通常是利用一些传感元件将非电量信号转换成电信号,以便进行启闭开关或开关电路,以实现控制的目的。这类控制器在安全生产中较少使用,故不赘述。

2. 操纵器的选用原则

《操纵器一般人类工效学要求》(GB/T 14775—1993)给出的操纵器选用原则如下。

①手控操纵器适用于精细、快速调节,也可用于分级和连续调节。

②脚控操纵器适用于动作简单、快速、需用较大操纵力的调节。脚控操纵器一般在坐姿有靠背的条件下选用。

二、控制器的尺寸

控制器上与人体尺寸有关的上述两个方面,也可以说前者是控制器上与手脚直接接触部位的"静态尺寸",后者则是肢体操作控制器时的"动态尺寸",下面举例说明。图5-11(a)所示双手扶轮缘的手轮(转向盘、转向把),手握部位的轮缘直径优选值为25~30 mm,其依据是人手部尺寸中的"手长"。这种手轮一次手握连续转动的角度一般宜在90°以内,最大不得超过120°,其依据则是关节活动范围或肢体活动范围。图5-11(b)所示为操纵杆,手握部位的球形杆端球径常取值为32~50 mm,其依据是人手抓握多大的物体较为舒适并能较自如地施力。而操纵杆的适宜"动态尺寸"是:对于长度为 150~250 mm 的短操纵杆,在人体左右方向的转动角度不宜大于 45°,前后方向的转动角度不宜大于 30°;对于长度 500~700 mm 的长操纵杆,转动角度的适宜值为 10°~15°,其依据便是人的肢体活动范围。

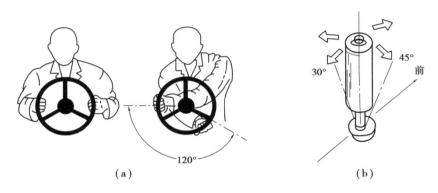

图 5-11　控制器尺寸与人体尺寸的关系

三、控制器的识别编码

编码(coding)是指特定信号的系统表示或符合定义规则的信号其他设定值。常用的控制器编码方式有:形状编码、大小编码、色彩编码、操作方法编码、位置编码、符号编码等。

1. 形状编码

使不同功能的控制器具有各自不同、鲜明的形状特征,便于识别,避免混淆。控制器的形状编码还应注意:①形状最好能对它的功能有所隐喻、有所暗示,以利于辨认和记忆;②尽量使操作者在照明不良的条件下也能够分辨,或者在戴薄手套时还能靠触觉进行辨别。

图 5-12 所示为美国空军飞机上控制器的部分形状编码示例。用于飞机驾驶舱内各种控制杆的杆头形状,互相区别明显,即使戴着薄手套,也能凭触觉辨别它们。不同的杆头形状与它的功能还有内在联系。例如"着陆轮"是轮子形状的;飞机即将着陆时为了快速减速,其机翼、机尾上的有些板块要翘起来以增加空气阻力,"着陆板"便具有相应的形状寓意,等等。图 5-13 所示为常用旋钮的形状编码,其中图 5-13(a)和图 5-13(b)是用于做 360°以上旋转操作的多倍旋转旋钮;图 5-13(c)是用于做 360°以下旋转操作的部分旋转旋钮;图 5-13(d)是用于做定位指示的旋钮。图 5-13 中,不同类型旋钮各有其形状功能特点,同类型旋钮也有明显的形状差异。

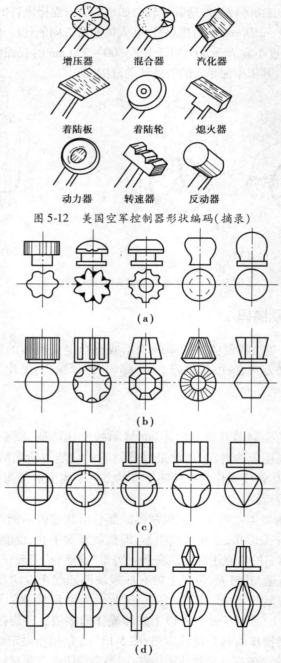

图 5-12　美国空军控制器形状编码(摘录)

图 5-13　旋钮的形状编码

2. 大小编码

大小编码,也称为尺寸编码,通过控制器大小的差异来使之互相易于区别。

由于控制器的大小需与手脚等人体尺寸相适应,其尺寸大小的变动范围是有限的。另一方面,测试表明,大控制器要比小一级控制器的尺寸大 20% 以上,才能让人较快地感知其差别,起到有效编码的作用,所以大小编码能分的挡级有限,例如旋钮,一般只能作大、中、小 3 个挡级的尺寸编码。

3. 色彩编码

由于只有在较好的照明条件下色彩编码才能有效,因此控制器的色彩编码一般不单独使用,通常是同形状编码、大小编码结合起来,增强其分辨识别功能。人眼虽能辨别很多的色彩,但因控制器编码需要考虑在较紧张的工作中完成快速分辨,所以一般只用红、黄、蓝、绿及黑、白等有限的几种色彩。

控制器色彩编码还需遵循有关技术标准的规定和已被广泛认可的色彩表义习惯,例如停止、关断控制器用红色;启动、接通控制器用绿色、白色、灰色或黑色;起、停两用控制器用黑色、白色或灰色,而忌用红色和绿色;复位控制器宜用蓝色、黑色或白色。

4. 位置编码

把控制器安置在拉开足够距离的不同位置,以避免混淆。最好不用眼睛看就能伸手或举脚操作而不会错位。例如拖拉机、汽车上的离合器踏板、制动器踏板和加速踏板因位置不同,不用眼看就能操作。

5. 操作方法编码

用不同的操作方法(按压、旋转、扳动、推拉等)、操作方向和阻力大小等因素的变化进行编码,通过手感、脚感加以识别。

6. 字符编码

以文字、符号在控制器的上或旁边作出简明标示的编码方法。这种方法的优点是编码量可以达到很大,是其他编码方法无法比拟的。例如键盘上的按键,标上字母和数字后都能分得清清楚楚,在电话机、家用电器、科教仪器仪表上都已广泛采用。但这种方法也有缺点:一是要求较高的照明条件;二是在紧迫的操作中不太适用,因为用眼睛聚焦观看字符是需要一定时间的。

把以上几种编码方式结合起来,可以达到足够大的编码量。

四、典型控制器的设计

1. 按压式控制器

（1）按钮和按键

常见的小型按压式控制器是按钮；多个连续排列在一起使用的按钮因其使用状态像钢琴上的琴键，故称为按键。按钮只有两种工作状态，如"接通"或"断开"，"启动"或"停车"等。其工作方式则有单工位和双工位两种类型。若被按下处于接通状态，按压解除后即自动复位为断开状态（也可以是相反：按下为断开，解除按压后自动复位为接通）者，称为单工位按钮。若被按压到一种状态，按压解除后自动继续保持该状态，需经再一次按压才转换为另一种状态者，称为双工位按钮。

（2）按钮按键的人机学参量

按钮按键的截面形状，通常为圆形或矩形；其尺寸大小，即圆截面的直径 d，或矩形截面的两个边长 $a \times b$，应与相关的人体操作部位（例如手指）的尺寸相适应。

其他主要人机学参量还有操纵力（按压力）和工作行程。表 5-7 为按钮按键的 3 项人机学参量。

表 5-7　按钮按键的 3 项人机学参量（摘自 GB/T 14775—1993）

控制器及操作方式	基本尺寸/mm		操纵力/N	工作行程/mm
	直径 d（圆形）	边长 $a \times b$（矩形）		
按钮用食指按压	3 ~ 5	10 × 5	1 ~ 8	<2
	10	12 × 7		2 ~ 3
	12	18 × 8		3 ~ 5
	15	20 × 12		4 ~ 6
按钮用拇指按压	18 ~ 30		8 ~ 35	3 ~ 8
按钮用手掌按压	50		10 ~ 50	5 ~ 10

注：戴手套用食指操作的按钮最小直径为 18 mm。

（3）设计注意事项举例

除了表 5-7 所列参量以外，按钮按键设计中还有很多需要注意的人机学因素，举例如下。

①按钮的颜色。专用于"停止""断电"的用红色；专用于"启动""通电"的优先用绿色，也可用白色、灰色或黑色；在按压中反复变换其功能状态的按钮，忌用红

色和绿色,可用黑、白或灰色。

②若按钮的作用是完成两种工作状态的转换,某些使用条件下应附加显示当前状态的信号灯;若按钮可能处在较暗的环境下,宜提供指示按钮位置的光源。

③按钮的上表面,即手指接触的表面多为微凸的球面,操作手感好;按钮对所在面板凸起的高度因情况而不同,有需要凸起的,有和面板平齐的,有的情况下为了避免无触动,也可略凹入面板以下,这是因为按钮操作都有视觉配合。

按键则与按钮有所不同,按键需排在一起使用,如计算机键盘上的按键还必须适应"盲打"要求,人们凭触觉而不再是依赖视觉进行操作,因此按键有不少与按钮不同的造型特点:例如若上表面凸起高度不够,如图 5-14(a)所示,影响触觉感受,盲打就成问题了;若相邻两个按键的间距太小,盲打中容易把两个按键同时按下去,也不好,如图 5-14(b)所示;另外,为了有利于盲打时手指的稳定定位,按键的上表面应该做成微凹的形状,如图 5-14(c)所示,而不宜与按钮一样微凸。计算机键盘上的"F""J"两个字符键上还各有一个"一"形凸起标记,供盲打者左右手区分定位,如图 5-14(d)所示。

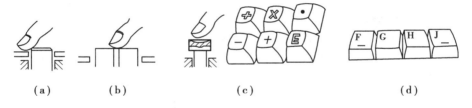

(a)　　　　　(b)　　　　　(c)　　　　　(d)

图 5-14　按键造型的一些要求

④确定产品上的按钮如何安置,还应该分析操作时的手形。如图 5-15 所示产品上用拇指操作的按钮,因安置的位置和按压方向的不同,操作的便利与否,便有很大的差别。

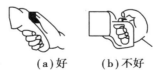

(a)好　　　　(b)不好

图 5-15　产品上按钮的安置是否得当

2. 转动式控制器

常用的手动转动式控制器有旋钮、手轮、带把手轮(摇把)等。下面以旋钮为例,介绍一下转动式控制器的设计。

（1）旋钮的式样与形态

①多样的造型方案。旋钮造型有很多,图 5-16 所示为定向指示类旋钮的另外一些造型方案,它们便于转动操作,也易于互相区别,可供参考。

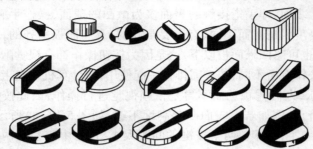

图 5-16　定向指示用旋钮的造型方案

②有利于施加操作力矩。旋钮应该方便于施加足够的转动力矩,这对图 5-14(d)和图 5-16 所示捏握处有台阶的旋钮及图 5-14(a)、(b)、(c)所示捏握处为多边形或有明显凸棱的旋钮,都不成问题。

③有利于捏握转动操作可以用图 5-17 所示同心 3 层旋钮的例子来说明。经过对操作手形的研究,为了操作某一层旋钮时不会带动另一层的旋钮,3 层旋钮间的尺寸应符合图 5-17(a)的要求。若各层之间的尺寸关系不适当,操作时就可能产生各层之间的干扰,几种干扰的情况如图 5-17(b)所示。

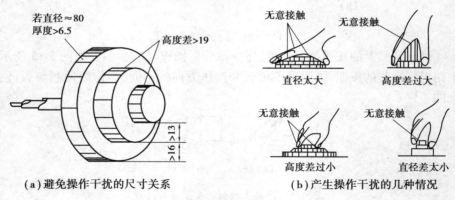

（a）避免操作干扰的尺寸关系　　　　　（b）产生操作干扰的几种情况

图 5-17　3 层旋钮的尺寸关系和操作干扰

（2）尺寸与操作力矩

图 5-18 所示为两种常见的旋钮,《控制器一般人类工效学要求》(GB/T 14775—1993)给出了它们的尺寸和操作力矩数值,摘录在表 5-8 中以供参考。

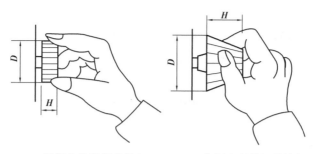

（a）捏握和连续调节旋钮　　　（b）指握和断续调节旋钮

图 5-18　两种常见的旋钮

表 5-8　两种常见旋钮的尺寸和操作力矩（摘自 GB/T 14775—1993）

控制方式	直径 D/mm	厚度 H/mm	操作力矩/（N·m）
捏握和连续调节	10 ~ 100	12 ~ 25	0.02 ~ 0.5
指握和断续调节	35 ~ 75	≥l5	0.2 ~ 0.7

课堂讨论

在控制器设计过程中不仅要考虑操作者的生理因素,还要考虑到一些其他因素,比如人的习惯和自然行为倾向,而习惯和自然行为倾向比较复杂,下面作一个简单的讨论。

1.对于正前方来的突然袭击,多数人向左侧躲避。

2.听到背后呼叫姓名时,多数人向右转头后望。

3.情侣接吻,多数头偏向右侧。

以上 3 点都被认为是人的自然行为倾向,但例外的比例有多大？原因是什么？与右手优势或左手优势有没有关系？

实训任务一

做以下几个动作,回答下面 3 个问题。

1.人们拧干毛巾的时候,多数人是右旋拧还是左旋拧？这与右手优势或左手优势有没有固定关系？

2.“点头表示肯定、摇头表示否定”,主要是先天的本能所致还是后天的“从众"所致？

3. 同学们到大教室来上课,大多数同学都喜欢坐到基本固定的座位上去,这种共同行为倾向的驱动原因是什么？还有哪些类似的表现？对设计有什么启发或应用？

演示回答上面 3 个问题后,总结出控制器设计中的其他因素。

◉ **实训任务二**

以小组为单元,每个小组设计一个满足安全人机工程要求的移动、扳动式控制器或脚动式控制器(自己熟悉的),并对对应装置进行改进设计。

◉ **思考与练习题**

1. 简述控制器的选用原则。

2. 常用的控制器编码方式有哪些？

3. 常用的控制器有哪些？

4. 简要概述控制器设计的一般人机学原则。

任务三　安全防护装置的设计

安全防护装置是指配置在机械设备上能防止危险因素引起人身伤害,保障人身和设备安全的所有装置。

一、安全防护措施的类别

安全防护常常采用防护装置、安全装置及其他安全措施。

1. 防护装置

防护装置是通过设置物体障碍方式将人与危险隔离的专门用于安全防护的装置。通常采用壳、罩、屏、门、盖、栅栏、封闭式装置等作为物体障碍,将人与危险隔离。例如,用金属铸造或金属板焊接的防护箱罩,一般用于齿轮传动或传输距离不大的传动装置的防护;金属骨架和金属网制成防护网,常用于皮带传动装置的防护;栅栏式防护适用于防护范围比较大的场合或作为移动机械临时作业的现场防护。

2. 安全装置

安全装置是用于消除或减小机械伤害风险的单一装置或与防护装置联用的保护装置。安全装置通过自身的结构功能限制或防止机器的某种危险,或限制运动速度、压力等危险因素。常见的安全装置有联锁装置、双手操作式装置、自动停机装置、限位装置等。

二、防护装置

1. 防护装置的功能

①防止人体任何部位进入机械的危险区,触及各种运动零部件。

②防止飞出物的打击、高压液体的意外喷射或防止人体灼烫、腐蚀伤害等。

③容纳接受可能由机械抛出、掉下、发射的零件及其破坏后的碎片等。

在有特殊要求的场合,防护装置还应对电、高温、火、爆炸物、振动、放射物、粉尘、烟雾、噪声等具有特别阻挡、隔绝、密封、吸收或屏蔽作用。

2. 防护装置的类型

通过物体障碍方式专门用于提供防护的机器部分。根据其结构,防护装置可以是壳、罩、屏、门、封闭式防护装置等。防护装置一般可以分为固定式防护装置和活动式防护装置。

固定式防护装置按永久固定(如焊接的等)或借助紧固件(螺钉、螺栓等)固定而保持在应有位置(即关闭)的防护装置。

图 5-19　封闭式防护装置

(1)封闭式防护装置

防止从各个方向进入危险区的防护装置,如图5-19 所示。

(2)距离防护装置

一种不完全封闭危险区的防护装置,但它能靠其尺寸的功能和其与危险区的距离防止或减少进入危险区,如周围栅栏或通道式防护装置如图 5-20 所示,图5-21是在机器的进料或排料区提供保护的通道式防护装置。

(3)自关闭式防护装置

靠机器零件(如移动台)或工件或机器夹具部件操作的活动式防护装置,以便让工件(和夹具)通过,当工件一离开让其通过的开口,就自动恢复到(借助重力、弹簧、其他外部动力等)关闭位置(图5-22)。

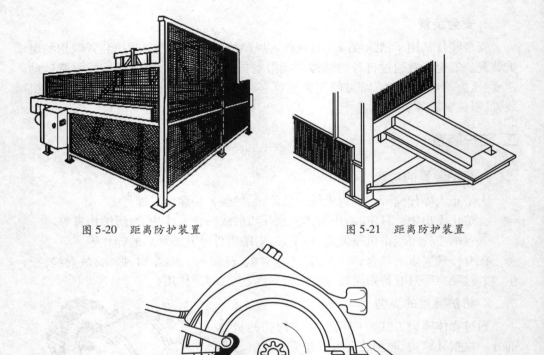

图 5-20　距离防护装置　　　　　　图 5-21　距离防护装置

图 5-22　自关闭式防护装置

（4）可调式防护装置

整个装置可调或带有可调部分的固定式或活动式防护装置。在特定操作期间调整件保持固定，摇臂钻床或台式钻床上的可调式防护装置如图 5-23 所示。

（5）联锁防护装置

与联锁装置（见 GB/T 15706.1—1995，3.23.1 和 GB/T 18831）联用的防护装置，主要有 3 个功能。

①在防护装置关闭前被其"抑制"的危险机器功能不能执行。

②当危险机器功能在执行时，如果防护装置被打开，就给出停机指令。

③当防护装置关闭时，被其"抑制"的危险机器功能可以执行，但防护装置关闭的自身不能启动它们的运行（图 5-24、图 5-25、图 5-26）。

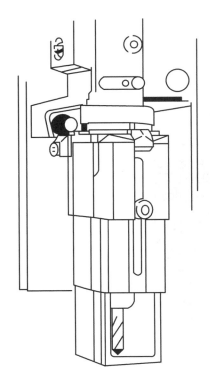

图 5-23 可调式防护装置示例

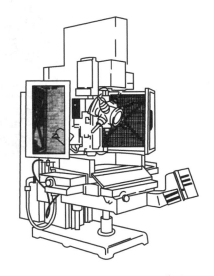

图 5-24 铰链型联锁防护装置

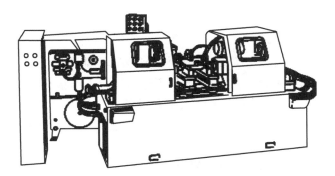

图 5-25 滑动型联锁防护装置

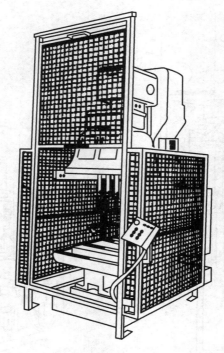

图 5-26　钻床安全防护

三、安全装置

1. 安全装置的类别

安全装置按功能可以分为安全保护装置和安全控制装置。安全保护装置主要是防止机械危险部位引起伤害,一旦操作者进入危险工作状态,能直接对其进行人身安全保护,配备在生产设备上保障人员和设备安全的附属装置。安全控制措施本身并不直接参与人身保护动作,一旦人员进入危险区,控制装置对制动器进行控制,使机械停止运转。

按照用途和操作方式可以分为以下几类。

（1）检查和自动控制装置

检查和自动控制装置是指监测器和控制系统相结合的装置,用来保持预定的安全水平。当检测参数超过设定时,自控装置的执行机构作用以降低系统的危险水平,并设有报警系统。

（2）连锁安全装置

连锁安全装置的基本原理是只有当安全装置关合时，机器才能运转，并且只有当机器的危险部件停止运动时，安全装置才能开启。在设计连锁装置时，必须使其在发生任何故障时，都不使人员暴露在危险之中。连锁装置的种类有以下几种。

①手动联锁开关或阀联锁开关（图 5-27）。

②限位开关（图 5-28）。

③钥匙交换联锁开关（图 5-29）。

④电磁开关（图 5-30）。

⑤延时开关（图 5-31）。

⑥活动栅栏式联锁装置（图 5-32）。

⑦充电式联锁装置（图 5-33）。

⑧应式联锁装置（图 5-34）。

⑨板式联锁装置（图 5-35）。

图 5-27　手动联锁开关或阀联锁开关　　　　图 5-28　限位开关

（3）双手控制安全装置

双手控制安全装置迫使操纵者要用两只手来操纵控制器。但是，它仅能对操作者而不能对其他有可能靠近危险区域的人提供保护，如图 5-36 所示。双手控制装置主要有以下几个要求。

①两个控制之间应有适当的距离。

②两个控制开关都开启后才能运转。

③机器的每次停止运转后重新启动。

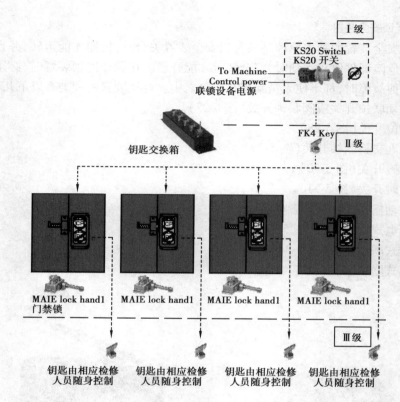

图 5-29　钥匙交换联锁开关

图 5-30　电磁开关

图 5-31　延时开关

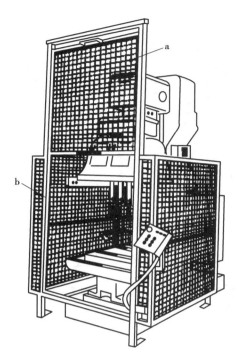

图 5-32　活动栅栏式联锁装置

图 5-33　充电式联锁装置

图 5-34　应式联锁装置

图 5-35　板式联锁装置

2. 安全防护装置的设置

安全防护装置通常设计在相对比较危险或具有危险性的部位,主要有以下几个部位。

①旋转机械的传动外漏部分,如图 5-37 所示。

图 5-36　两只手控制的装置

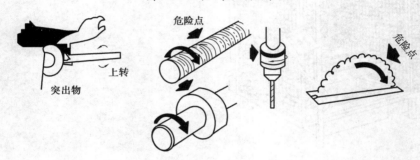

图 5-37　单独旋转危险部位

②冲压设备的施压部分，如图 5-38 所示。

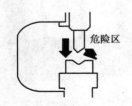

图 5-38　经过时的危险

图 5-39　起重时的危险

③起重运输设备，如图 5-39 所示。

④加工过热和过冷部件。

⑤易燃易爆的生产设备。

⑥自动生产线和复杂的生产设备及重要的安全系统。

⑦能产生粉尘、有害气体、有害蒸汽或发生辐射的设备。

⑧进行检修的机械、电器设备。

3. 安全防护装置的设置原则

①以操作人员所站立的平面为基准,凡高度在 2 m 以内的各种运动零部件应设防护。

②以操作人员所站立的平面为基准,凡高度在 2 m 以上,有物料传输装置、皮带传动装置以及在施工机械施工处的下方,应设置防护。

③凡在坠落高度基准面 2 m 以上的作业位置,应设置防护。

④为避免挤压伤害,直线运动部件之间或直线运动部件与静止部件之间的间距应符合安全距离的要求。

⑤运动部件有行程距离要求的,应设置可靠的限位装置,防止因超行程运动而造成的伤害。

⑥对可能因超负荷发生部件损坏而造成伤害的,应设置负荷限制装置。

⑦有惯性冲撞的运动部件必须采取可靠的缓冲装置,防止因惯性而造成的伤害事故。

⑧运动中可能松脱的零部件必须采取有效措施加以紧固,防止由于启动、制动、冲击、振动而引起松动。

⑨每台机械都应设置紧急停机装置,使已有的或即将发生的危险得以避开。紧急停机装置的标志必须清晰、易识别,并可迅速接近其装置,使危险过程立即停止并不产生附加风险。

课堂讨论

在日常生活中,你注意过安全防护装置吗? 请列举日常生活中常见的安全防护装置。

实训任务

到金工实习车间参观学习,找出哪些设备有安全防护装置,其原理是什么? 哪些装置应该安装安全防护装置而没有安装,请进行相关的设计。

思考与练习题

1. 简述防护装置的功能与类型。

2. 安全防护装置的类别有哪些,应如何设置?

任务四　能力实践——控制室设计

一、控制室设计的人机工程学要求

　　该控制室的形成,是将一个发电厂或变电站的全部控制、观测与操纵仪器集中于一个室内。要求把操纵台和控制室作为功能上相互有关的部件来看待,其中控制室室内结构造型为一个单元,操纵台和仪表板构成一个单元。应把两者看作技术上和工程上不可缺少的单元来设计。

　　控制室、仪表板和操纵台设计的优劣,首先影响的是在室内工作的人,以及控制室所具有的功能。控制室设计的人机工程学要求是使操作者在其岗位上能较轻松地观察其视觉范围内的一切目标,并能无差错地读清一切信号。照明必须有足够的光度,尽量避免眩光,反光要以不影响读清仪器上所示符号为原则。噪声电平应处于最低点,设备应保持无尘。操作台上的各种操作装置,都设计成相互协调的组合。选择操纵台形式,要保证读清仪器上所显示的读数,并保证开关具有良好的性能和便于维修,允许操作者变换作业姿势。

二、控制室影响因素综合分析

1. 控制室设计要素

　　控制室设计主要包括控制室空间、仪表板和操纵台3大部分,每一部分的主要设计内容列于表5-9。

表 5-9　控制室设计内容

设计单元	控制室	仪表板	操纵台
设计内容	①大小 ②平面设计 ③高度 ④照明 ⑤色彩 ⑥材料	①大小 ②编排 ③高度 ④切口 ⑤底边	①大小 ②编排 ③断面 ④电话机台

2. 影响控制室设计的因素

影响控制室设计的因素包括技术因素、经济因素和人机工程学因素，这三类因素所包含的指标，分别对表 5-9 中的各项设计内容产生影响，有关指标对各项设计内容的综合影响关系分析如图 5-40 所示。

	声学	照明	可操作性	生产噪声	刺目	视角	色彩心理学	研究	支架尺寸	无差错	功率	易读程度	供应尺寸	材料	测量仪器大小	无视差	有效距离	基本要求	能见度	控制仪器大小	运输	明显程度	方法	
	1	2	3	4	5	6	7	8	9	10	11	12	13	14	15	16	17	18	19	20	21	22	23	
A.配电室																								
a.大小								■			■	■			■					■				
b.平面设计	■															■								
c.高度		■			■																			
d.照明		■			■							■							■					
e.色彩							■											■						
f.材料	■			■														■						
B.操作板																								
a.大小								■			■	■	■	■	■								■	
b.编排										■												■		
c.高度					■	■													■					
d.切口									■												■		■	
e.底边						■													■					
C.操纵台																								
a.大小								■			■									■				
b.编排			■							■	■						■					■		
c.断面						■											■							
d.电话机台																	■					■		
因素等级部分																								GES
Ⅰ技术因素								■			■		■	■	■					■			■	7
Ⅱ经济因素									■		■										■			3
Ⅲ人为因素	■	■	■	■	■	■	■			■	■	■			■	■	■	■	■	■		■		17

图 5-40　控制室影响因素综合分析

由图 5-40 的综合分析可知，对设计内容产生影响的三大类因素共有 23 项指标，其中属于技术因素的有 7 项；属于经济因素的有 3 项；而属于人的因素的有 17 项。由图 5-41 可知，在控制室设计中，人机工程学因素影响最大，认真分析人机工程学影响因素就显得非常重要。

三、控制室组成部分设计

1. 控制室空间设计要点

①控制室的大小取决于控制装置和信息量的大小。信息是通过各种类型的信息仪器而获得,信息量则取决于信息仪器的大小。其中仪器有照明的、书写的、显示的和声学的测量仪表和信号仪器。仪器大小取决于仪表工业的科学技术水平,并且还受到显示读数的最佳识别程度的限制。

②仪表板墙面呈半圆形,由此使控制室操作者在操作台旁的位置至全部仪表板的距离大致相等,而对仪表的能见度无视差。半圆的中点和操纵台后面的距离要求正好使操作者不受反射回声的干扰,具体布置如图 5-41 所示的控制室平面设计。

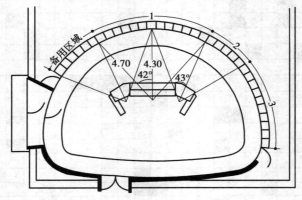

图 5-41　控制室平面设计

③天花板高度的设计要求是,应使控制室的照明达到均匀的程度,并能避免干扰的照射和刺目的光线。

④照明设备和强度选择原则是,使光线照在所有仪表上都无阴影。在仪表玻璃上不出现反光现象,并容易读出所示数字。同时,发光信号的能见度良好。

⑤操纵台和仪表板的色彩在考虑色彩心理学知识的情况下,其适应程度能使操作者在工作效率上不受妨碍。此外,在色彩和材料的选择上必须符合技术和经济上的基本要求。

⑥天花板和墙的材料选择在考虑到惯常的生产噪声以及其他人为噪声的情况下,必须符合声学要求。

2. 仪表板的设计要点

①仪表板的大小取决于仪表板上安装仪器的数量以及仪器的大小,仪器的大

小取决于测量技术的状况。所使用的材料和仪表上所示数字易读程度的限制。易读程度还取决于操作者的观测距离(指操纵台至仪表板的距离)。仪表板总的大小还与仪表在板面的布置形式有关。

②仪表板上只安排信号仪器和测量仪器。仪表板这样编排的目的是便于观察并尽可能地无差错认读数字,在仪表板中部安排所有重要装置,具体布置区域如图5-44 所示。

布置要点为:

在仪表中部安排所有重要的装置,附有回答装置的断路器和断路开关及能显示的测量仪器。一切装置要求在不改变装置本身的条件下能使人迅速认读,并予以控制。

其两侧安装次要的装置:带文字的发光信号装置。通过装置本身的变化,可看清信号并予以控制。

靠右边外面的这一部分安装有记录、测量仪器。操作者位置的改变也可控制该仪器。

③仪表板高度受到视角大小的限制。视角大小对仪表板上所有仪器具有最佳但又不刺目的能见度。仪表板高度确定及其能见度情况如图5-42(a)所示。

④仪表板上的接口是由钢板的供应尺寸和所选择仪表板的加工方法所决定的。其他部分的接口是由最佳仪表板支架尺寸所决定的。但总体尺寸都得符合预先规定的运输车辆的长度和企业内部的运输规定。

⑤仪表板底边高度(+530 mm)应使坐着的观察者观看最低的仪器而不被操作台所遮蔽,如图5-42(a)所示。

3. 操纵台设计要点

①操纵台大小取决于操纵台上面安排控制仪表和控制器的数量和大小。仪器的大小取决于仪表科学领域的技术水平。操纵台控制仪器的数量与仪表板显示仪表数量相一致。

②操纵台编排在中间部分。中间部分只安装控制机构,并且是立姿操作的,也可达到立姿和坐姿交替操作。如此设计可避免因单调而致使人体疲劳,以保持工作效率。控制机构应适应操作者迅速操作要求,能正确识别和轻易操作指示仪表,应作相应的组合并具有相同的功能特征。

③操纵台断面确定的主要依据是,从操作者角度来观察仪器,前排是水平位置的,而后排向下倾斜一点。因此,在立姿操作时,对观察前后两排仪表应有一个大约相等的视角,且对操作者有一个大概相等的距离,如图5-42(a)所示。

④两侧电话机台的高度要适应操作者坐着弯曲前臂的高度,目的是按键时方便,并能通观全部按键范围。操作者在立姿或坐姿操作时视野如图 5-42(b)所示。

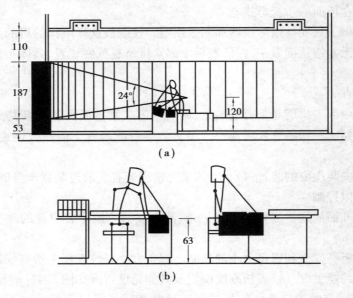

图 5-42　操作者视野设计

四、控制室总体方案设计

根据上述控制室设计影响因素综合分析和各分部设计要点研究,控制室的操纵台结构总体设计如图 5-43 所示。

由于仪表板是构成控制室的重要部件,将是控制室的视觉中心。出于控制室造型的审美原因,将仪表板与墙面平整地衔接。由于声学的原因,墙上装饰有清晰的木质条纹,并镶上适当的隔音材料,天花板可起声学覆板作用。照明灯安装在建筑物设置好的照明通道里。为了满足操作舒适性、高效性要求,对操纵台作了改进设计。

由图可见,将操纵台的主要部分设计得比书写台面要高出一点,两侧安放电话机台,一切开关器件和信号元件全都一目了然,并易读易懂。整个室内的印象在功能和造型上都符合对现代控制室在人机工程学方面的要求。

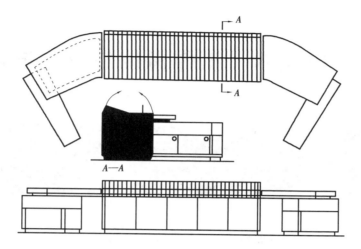

图 5-43　操纵台结构示意图

能力单元六　工作岗位与空间设计

在工作场所，因为人的工作岗位和作业空间的设计不合理致伤、致残、致死的现象非常多，如何设计和改进工作岗位和作业空间的设计呢？这是本章所要介绍的内容。

任务一　工作岗位设计

一、工作岗位的类型

根据人体的工作姿势，工作岗位分为 3 种类型：坐姿工作岗位、立姿工作岗位和坐立姿交替工作岗位。现对 3 种工作岗位的特点和适用范围说明如下。

1. 坐姿工作岗位

坐着的作业姿势常指身躯伸直或稍向前倾 10°～15°，上腿平放，下腿一般垂直着地或稍向前倾斜着地，让身体处于舒适的体位。人体最合理的作业姿势就是坐姿作业。下列作业宜采用坐姿作业。

（1）持续时间较长的静态作业

此时需要支持身体的力较小，腿上消耗的能量和负荷较小，血液循环畅通，可以减少疲劳和人体能量的消耗。

（2）精密度要求高而又要求仔细的作业

在坐姿情况下，当设备振动或移动时，人体具有较大的稳定度和较好的平衡度。

（3）需要手足并用，并对一个以上踏板进行控制的作业

坐姿时，双脚容易移动，且可借助座椅支撑对脚控制器施以较大力量。

2. 立姿工作岗位

立姿工作岗位通常指人站立时上体前屈角小于 30°时所保持的姿势（前屈角大于 30°为前屈姿势）。下列作业选用立姿作业优于坐姿作业。

（1）需要经常改变体位的作业

站着比频繁地起坐消耗的能量少些。

（2）常用的控制器分布在较远区域、需要手足有较大运动幅度的作业

因站姿时作业者可以走动，可以看见或使用坐姿作业者够不到的部件。

（3）需要用力较大的作业

立势时手臂力量较大，易于操作大操纵杆。

此外，在立姿作业时，还有作业者可变换位置，减少疲劳和厌烦；可利用平展的工作面而无需任何容膝空间等优点。

立姿作业的缺点在于：不易进行精确而细致的工作；不易转换操作；立姿时肌肉要作出更多的功以支持体重，故易引起疲劳；下肢负担较重，长期站立易引起下肢静脉曲张等。

3. 坐立姿交替工作岗位

为了克服坐姿、立姿作业的缺点，在工作岗位上经常采用坐—立姿交替作业的方式。

这种交替方式的优点在于，能使作业者在工作中变换体位，从而避免由于身体长时间处于一种体位而引起的肌肉疲劳。例如，长时间单调的坐姿作业会引起心理性疲劳，改成立姿适当走动，有助于维持工作能力，而长时间的立姿作业会产生肌肉疲劳，坐下来就可以得到消除。

因此，坐—立姿交替作业能吸收各自的长处，弥补各方面的短处，应尽可能地用坐—立姿交替作业方式，代替单纯的立姿作业方式。

二、工作岗位的尺寸设计

《人类工效学工作岗位尺寸设计原则及其数值》（GB/T 14776—1993）对 3 种工作岗位都给出了具体尺寸数据，图 6-1、图 6-2、图 6-3 所示为 3 种工作岗位的尺寸图示。图中尺寸符号代表的含义在表 6-1、表 6-2 中作了说明，可互相对照，此处不再另加解释。

GB/T 14776—1993 按两种条件给出三种工作岗位的尺寸数据。第一种是仅以人体尺寸为依据而不细分作业的类型，见表 6-1。表 6-1 中所有尺寸的导出，均根据 GB/T 10000—1988 中的数据，遵循 GB/T 12985—1991 的人体尺寸百分位数选择原则。

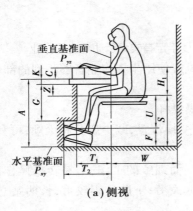

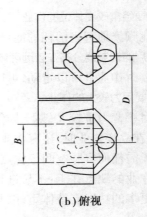

（a）侧视 　　　　　　　　（b）俯视

图 6-1　坐姿工作岗位的尺寸图示

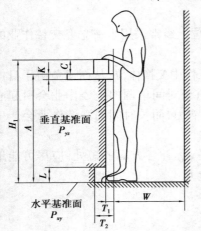

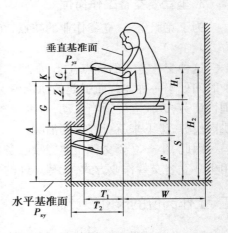

图 6-2　立姿工作岗位的尺寸图示　　　图 6-3　坐立姿交替工作岗位的尺寸图示

表 6-1　以人体尺寸为依据的工作岗位尺寸　　　　　单位：mm

尺寸符号	坐姿工作岗位	立姿工作岗位	坐立姿工作岗位
横向活动间距 D	≥1 000		
向后活动间距 W	≥1 000		
腿部空间进深 T_1	≥330	≥80	≥330
脚空间进深 T_2	≥530	≥150	≥530
坐姿腿空间高度 G	≤340	—	≤340

续表

尺寸符号	坐姿工作岗位	立姿工作岗位	坐立姿工作岗位
立姿脚空间高度 L	—	≥120	—
腿部空间宽度 B	≥480	—	480≤B≤800
			700≤B≤800

第二种是把作业分为以下 3 种类型,分别给出了工作岗位的尺寸,见表 6-2。

Ⅰ类:使用视力为主的手工精细作业。

Ⅱ类:使用臂力为主,对视力也有一般要求的作业。

Ⅲ类:兼顾视力和臂力的作业。

表 6-2　不同类型作业的工作岗位相对高度或高度　　　　单位:mm

类　别	举　例	坐姿岗位相对高度 H				立姿岗位工作高度 H			
		P_5		P_{95}		P_5		P_{95}	
		女(W)	男(M)	女(W)	男(M)	女(W)	男(M)	女(W)	男(M)
Ⅰ	①调整作业 ②检验工作 ③精密元件装配	400	450	500	550	1 050	1 150	1 200	1 300
Ⅱ	①分拣作业 ②包装作业 ③体力消耗大的 ④重大工件组装	250		350		850	950	1 000	1 050
Ⅲ	①布线作业 ②体力消耗小的 ③小零件组装	300	350	400	450	950	1 050	1 100	1 200

不同的作业类型,人体操作有不同的要求:精细作业的工作对象离头部要近,以便能看得仔细;重作业操作中要挥动手臂,甚至借助腰的力量,工作对象位置宜低于肘高(注意,肘部与腰部的高度大体相当);一般较轻作业的工作高度则介于两者之间。所以立姿下工作台面的高度因作业类型的不同而与立姿肘高有不同的相对关系,具体尺寸如图 6-4 所示。

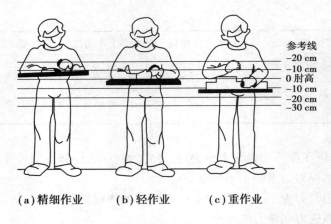

(a)精细作业　　(b)轻作业　　(c)重作业

图6-4　立姿不同作业工作台面的适宜高度

课堂讨论

在实际工作场所中,常见的工作岗位有哪些类型? 做什么具体工作时分别采用的是上述哪种类型?

实训任务

寻找自己身边你认为不合理的作业空间或作业岗位,用自己所学的知识进行重新设计或优化改进。

思考与练习题

1.坐姿工作岗位的特点及应用范围是什么?
2.根据给出工作岗位的尺寸,可以把作业分为哪三种类型?

任务二　作业空间设计

在工作系统中,人、机、环境3个基本要素是相互关联而存在的。每一个要素都根据需要而占用一定的空间,并按优化系统功能的原则,使这些空间有机地结合在一起。这些空间的总和,就称为作业空间。

一、作业空间设计原则

随着工矿业企业向大型化、现代化方面发展,工作系统所用的能量日趋巨大,物质流量不断增加,对人的操作要求显著提高,这使作业空间设计变得越来越重要,并成为协调工作系统内人、机、环境等各个组成部分的相互关系和提高系统整体性能的关键措施之一。

在《工作系统设计的人类工效学原则》(GB/T 16251—1996)中,给出了工作空间设计的一般性原则。

①操作高度应适合于操作者的身体尺寸及工作类型,座位、工作面(工作台)应保证适宜的身体姿势,即身体躯干自然直立,身体重量能得到适当支撑,两肘置于身体两侧,前臂呈水平状。

②座位调节到适合于人的解剖、生理特点。

③为身体的活动,特别是头、手臂、手、腿、脚的活动提供足够的空间。

④操纵装置设置在肌体功能易达或可及的空间范围内,显示装置按功能重要性和使用频度依次布置在最佳或有效视区内。

⑤把手和手柄适合于手功能的解剖学特性。

⑥根据生产任务和人的作业要求,首先应总体考虑生产现场的适当布局,避免在某个局部的空间范围内,把机器、设备、工具和人员等安排得过于密集,造成空间劳动负荷过大。

⑦作业空间设计要着眼于人,落实于设备。

二、工作高度的安排布置

《工作空间人体尺寸》(GB/T 13547—1992)给出了 3 组、17 项与工作空间有关的中国成年人人体尺寸的数据,在工作空间的设计时需要遵循。工作空间立姿人体尺寸(GB/T 13547—1992 给出了 6 项),工作空间坐姿人体尺寸(GB/T 13547—1992 给出了 5 项),工作空间跪姿、俯卧姿、爬姿人体尺寸(GB/T 13547—1992 给出了 6 项)。

成年男子人体尺寸第 50 百分位,在不计鞋底厚度的条件下,立姿正视、侧视手臂活动及手操作适宜范围如图 6-5 所示。

图中粗实线所画为最大握取范围,是以肩关节为中心,以臂长(到手掌掌心)为半径所确定的区域;虚线所画小圆基本上是以(手臂自然下垂时)肘关节为圆心,以前臂长(到手掌掌心)为半径所确定的区域,是最有利的握取范围。图中阴影部分为手操作的最适宜区域。图 6-5(b)中细实线所画的大圆弧为指尖可达的

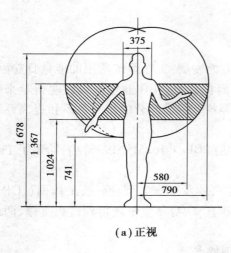 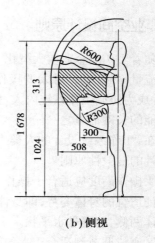

（a）正视　　　　　　　　　　　　（b）侧视

图 6-5　立姿手臂活动及手操作的适宜范围

范围。图 6-5 是在腿脚与躯干挺直不动的条件下所得到的数据,虽然人体通过膝、腰等关节的转动即可明显扩大手的操作范围,且工作中偶尔转动关节、移动躯干也是容易做到的。故人机学一般只给出操作者标准姿势下的数据资料,应用时可根据实际情况灵活掌握。

立姿下不同工作的高度一般可参照表 6-3 进行安排。

表 6-3　立姿工作的高度安排

高度/mm	工作类型	操作特性
0 ~ 500	脚踏板、脚踏钮、杠杆总开关等不经常操作的手动操纵器	适宜于脚动操作,很不适宜于手动操作
500 ~ 900	一般工作台面、控制台面轻型手轮、手柄,不重要的操纵器、显示器	脚操作不方便,手操作不太方便也不特别困难
900 ~ 1 600	操纵装置、显示操纵装置控制台面、精细作业平台	立姿下手、眼最佳操作高度对手操作,900 ~ 1 400 mm 更佳
1 600 ~ 1 800	一般显示装置,不重要的操纵装置	手操作不便,视觉接受尚可
>1800	总体状态显示与控制装置、报警装置等	操作不便,但在稍远处容易看到

三、水平工作面

图 6-6 所示为水平面内手臂活动及手操纵范围的描述,对于立姿工作和坐姿工作均适用,此为中等身材中国成年男子的数据。

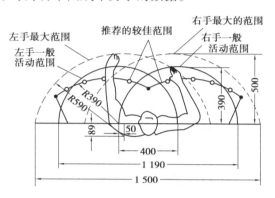

图 6-6　水平面内手臂活动及手操作的范围

四、脚的工作空间

脚操作的灵敏度、精确度比手操作差,但操纵力大于手操作。脚操作多在坐姿下采用。坐姿下由臀部支承身体,必要时两脚均可进行操作。立姿下只能由单脚进行操作。坐姿下侧视与俯视脚的工作空间范围如图 6-7(a)所示;脚的操作区域在坐面以下的前方,图中深影区为操作较为灵便的区域,画斜线区域为臀部不需移动条件下的可达操作区域。从俯视图可知,偏离正中矢状面左右各 15 cm。左右的方向适宜于脚的操作。图 6-7(b)为立姿侧视单脚操作所需要的空间尺寸。

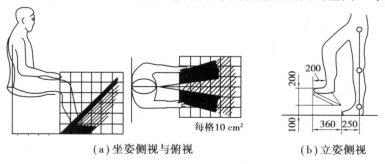

（a）坐姿侧视与俯视　　（b）立姿侧视

图 6-7　脚的工作空间范围

📖 **课堂讨论**

作业空间设计需要考虑哪些因素?

◎ **实训任务**

寻找自己身边你认为不合理的作业空间或作业岗位,用自己所学的知识进行重新设计或优化改进。

◎ **思考与练习题**

1. 作业空间包含了哪三种不同的空间范围?
2. 工作空间设计的一般原则?

任务三　能力实践一——检验作业岗位设计

一、检验作业岗位设计原则

在工业生产中,涉及控制产品质量水平的作业称为检验。检验的方法有直观目视扫描、人工测量和自动测量。对于多品种、小批量产品的检验,一般采用目视扫描检验。产品通常在传送带上移动或自动送至检验作业岗位,而工艺过程控制是在时间限制的压力下检验产品。显然,检验作业的效能与产品质量控制水平密切相关。为了给检验人员创造一个方便、舒适的作业岗位,以保证检验效能,故对检验作业岗位提出相应的设计原则。

①使检验人员尽可能地采用向下的观视角,而不用向前的和向上的观视角。

②让被检产品向检查人员方向移动而不是向离开检查人员方向移动,如图 6-8 所示。如果产品从右向左或从左向右横过检查人员的视野,不会出现很大差别。对每分钟移动 18 m 的产品至少应有 30 cm 观视范围,并排除观视范围内的所有障碍物。

③工作面高度应由人体肘部高度确定。统计研究指出,人的肘部高度约为人体身高的 63%,而工作面的高度在肘下 25~76 mm 是合适的。

④坐姿作业比站姿作业要好,因为心脏负担的静压力有所降低,而且坐姿时肌肉可承受部分体重负担。如选择坐姿作业,必须提供舒适的、且可调节的座椅。

⑤选用可调座椅时,可能会造成检验者脚不着地的情况,此时必须使用脚踏板支持下肢的重量。

图 6-8 检验移动产品的观察方向

⑥无论是坐姿作业还是站姿作业,都应给检查人员用辅助活动来中断检查周期的机会,以便调节视力和体力,减轻作业疲劳。通常一次连续监测时间不超过 30 min。

二、立姿检验作业岗位设计

1. 纸张取样检验作业基本要求

在纸张生产系统中,纸幅以 0.6 m/min 的速度运行,检验员在纸机尾端仔细检查宽度 90 cm 的整个纸幅。当纸幅速度暂时降到 0.15 cm/min 时,即从纸幅上取样。检验员用小刀切取长 50 cm 纸样,然后将两端拼接起来,以保证纸幅继续运行。要求每隔 15 min 即切取纸样一张,取样时间需 3～4 s。取样工作需在平台面上进行,工作台置于靠近纸机尾端,使纸幅从左至右通过检验员的视野。纸幅从纸机出来时,方向可以改变;能升高至地面 190 cm 处,然后降至 90 cm 的卷取高度,在任何角度都能适于目测和取样抽查。

2. 立姿检验员岗位设计特点

为保证检验效能和减轻检验员的疲劳,该岗位设计有以下特点:

①在此项设计中,纸幅速度为 0.3 m/min,应有观察距离 30 cm 或使总观察区为 60 cm。

②眼高尺寸要求,在检验点的纸幅不应高于地面 145 cm。应使身高相对较矮的检验员,在检验工作中也能向下观察。但最好保证检验员的向下视角至少不小

于 45°。

③在质量控制工作中,工作面须高出地面 91 cm。为此,检验员能用足够的力量切取纸样,纸幅宽度为 90 cm,以便检验员能弯腰突臀够到纸幅的另一边。切取纸样和拼接纸幅的工作面高度在 91 cm 处,这是一个适宜的高度。

④如图 6-9(a)所示,纸幅(A)从高 91 cm 的纸机中出来,直接引向高 122 cm 的检验岗位 C,当纸幅以 0.6 m/min 速度运行至检验员身边时,取长度至少为 50 cm 的纸幅样品后,即将其领回至高 91 cm 的检验台和拼接台(D)。工作台面长度至少 60 cm,不同的台高是为了检验员能方便地完成不同的检验工序。

⑤假定检验员能站在离纸幅约 50 cm 处,用几何法或三角函数来分析目测工作的要求。以图 6-9(b)中对视角计算法予以说明。假设在设计中对边为 o,邻边为 a,直角三角形的斜边为 h,则可从三角形的各边之间的三角函数关系来计算视角。

⑥为寻求目测工作的最佳设计方案,可规定检验员俯视角为 45°。如图6-9(b)所示,作为三角形对边与邻边之间的最大比值,tan 45°等于 1。

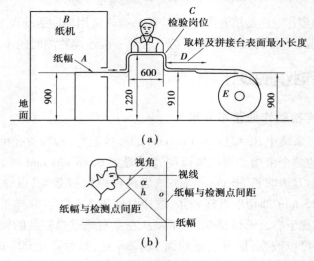

图 6-9　立姿检验作业岗位

三、坐姿检验作业岗位设计

1. 瓶子包装检验作业岗位的原设计

在检验瓶子和包装瓶子的工作中,检验员可站在或坐在工作台旁。瓶子沿着运输带从右边送入,从左边送出,以 6 个/min 的速度经过检验员。要求检验员从中取出产品进行检验,剔除不合格产品,将其余的放入包装箱中。在如图 6-10 所示的原设计方案中,工作台高 85 cm(A)、宽 30 cm、台面厚 5 cm,在其下方留有 80 cm立腿空隙,腿部前伸方向空隙为 35 cm。椅子可调至地面高 63 cm。一般检验者能向前取到瓶子的距离是 51 cm。工作台与输送带的间距为 15 cm(B),输送带固定于输送机上,离地高 100 cm,输送带嵌于一个高为 5 cm(C)的护轨中,以保证瓶子排列整齐成行,并不致从输送带中掉出。对原设计方案进行调查分析,对于坐姿和立姿两用的工作岗位,多数检验员喜欢采取坐姿,因坐姿比立姿工作舒适得多。当然,有时还得站起来拿取瓶子或搬移装满合格品的箱子。但对这样的检验岗位,却有许多检验员抱怨肩臂酸痛。由人体劳动生物力学分析可知,手臂和肩膀出现酸痛,认为是肌肉组织产生静负载。此种静负载主要是和检验员需过度抬臂并臂伸在 18 cm 以上,从输送带上取出每个瓶子有关。

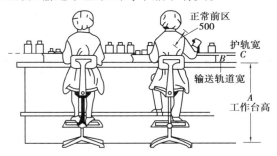

图 6-10　坐姿检验作业岗位

2. 瓶子包装检验工作岗位改进设计

通过对原设计方案的参数和存在问题的分析,认为改进检验及包装瓶子的作业岗位设计从而减轻全日工作人员的肩臂酸痛则成为改进设计的主要目的。为此目的,按照坐姿和立姿工作岗位的设计原则来寻求改进设计的思路。首先发现在原方案中没有脚踏板,对坐姿的作业岗位台面高度在 85 cm 时,显得太高;而对于坐、立姿工作岗位则显得太低;同时由于检验员在作业岗位屈腿及伸腿的空隙受到限制。为减轻检验员在工作过程中肩臂肌肉静负荷,可采取两种基本方法之一,即升高检验员工作面或降低输送带。

因为输送带不能降低,那就只有把检验员工作面升高,然而工作面又不能简单地采用提高座椅高度的方法来实现。显然,改进设计比新设计要受到更多的限制。由于原设计方案的限制,只能采取较为特殊的改进设计方案,其要点如下:

①设置一木制平台,置于输送机的任一边,以将工作面升高到 100 cm 处。由于检验作业岗位也可能要处理一些应急事件,故设置的木制平台不宜过小,并须备有低的护轨,以防人们不小心从边缘滑下。这一改进措施可解决检验员过度抬臂

而产生静负荷。

②在椅子或工作凳前设置一踏脚板,以减轻腿部悬空的不适,从而减轻全身疲劳。

③如检验员工作台有足够的空间,可将检验员正前方的工作台部位剖成半圆开口,使检验员更接近伸展部位,以减少手臂向前伸展所引起的肩臂负荷。此外,这一开口的另一优点是当检验员将座椅推向工作台时,其身后的通道空间加大,有利于进行相关的辅助工作。

通过对原设计方案的改进,解决了原方案存在的关键问题,使检验员在工作时感到舒适并不易疲劳。最后需要说明的是,以上所介绍的几个产品设计中人机工程学分析范例,目的在于说明人机工程学分析的一般思路和方法。由于工业设计的对象千变万化,不同的设计对象所涉及的人机工程学因素差异很大。

任务四　能力实践二——作业方式设计

一、问题的提出

人机工程学专家对从事铸造业的 520 名工人进行调查的结果表明,腰痛主诉率为 50.2%,即平均两人中有一个感到腰痛,而且症状比其他产业严重。究其原因,多数人腰痛是由于搬运重物和弯腰作业中腰部负荷增加引起的。为了从根本上克服铸造作业中特有的健康障碍——腰痛,必须改变传统作业方式。在研究符合人机工程学要求的新概念作业方式代替传统作业方式的过程中,核心问题是人机功能分配的分析和新型夹具、设备的研制。显然,在这类作业方式设计中,人机工程学分析成为设计成功与否的关键。

二、传统作业方式缺点分析

通过对铸造车间直接观察进行时间研究,并对作业姿势频度分布与作业面高度的关系进行分析,其结果如图 6-11 所示。

图中 $W_1 \sim W_6$ 表示不同机件的造型作业;W_7 为模拟作业。1~4 分别表示立姿、前屈、蹲姿、其他姿势。由图 6-11 可知,作业面越低,前屈和蹲姿的发生频度越高。如果使用作业台,则立姿频度增大。如果作业台面的高度可以自由调节,则会有 90% 以上的作业人员采取立姿。分析结论表明,如果高度可以选择,就可以避

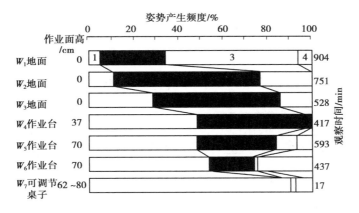

图 6-11 作业面高度与姿势频度分布关系

免前屈和蹲姿作业姿势造成操作者的腰痛职业病。从传统作业方式分析结果所获得的启示,再依据人机工程学设计原则,确定新的作业方式设计指导思想应该是:在铸造作业时,将人喜欢的,而且需要熟练技巧的工作留给人干;将人不喜欢的、需要付出重体力劳动的前屈和蹲姿等动作让机器去完成。在选择作业姿势时,不能将作业人员的标准姿势限制得太死,而应该在作业过程中,让作业人员自己选择舒适的作业姿势。按照确定的设计指导思想,对人和机械进行功能分配。经过室内模拟作业试验、概念设计、模型制作、现场作业人员的意见调查等,确定新的作业方式,并在最终阶段由现场作业人员进行试用评价试验,使新开发的作业方法可以从根本上改变作业负荷而不损害作业效果。图 6-12 所示为新的作业方式研究开发过程,在整个开发过程中,对每一个关键问题,都采用人机工程学、机械工程学和企业管理学的评价标准,从多个侧面加以探讨。围绕着使概念设计具体化的模型,在工业设计师、现场作业人员、技术人员、管理人员、制造厂商技术人员、制造厂商经营人员和人机工程学者共同研究的基础上,并征求全体作业人员的意见,最终才开发出具有实用价值的作业方法。

三、造型夹具的研制思路

要实现新的作业方式,必须采用与该作业方法相适应的工具或设备。为此,对防止作业人员腰痛的造型夹具进行了研制,其研制过程如图 6-12 所示。所研制的造型夹具由台面、臂和爪 3 部分构成。夹具的作业面高度由液压机构控制,台面用手可以轻轻拨动使其回转,臂由可在三维空间自由伸缩的伺服机构驱动,爪可抓住铸件翻转。台面的升降速度、臂和爪的伸缩和开闭速度可根据作业人员的要求进行自由调节,这样可以得到满意的作业速度和节奏,减轻心理负荷。夹具动作也并非全由液压操纵,台面的转动和臂的水平移动还由人工操纵,让操作人员适当使用体力可以防止单调感。

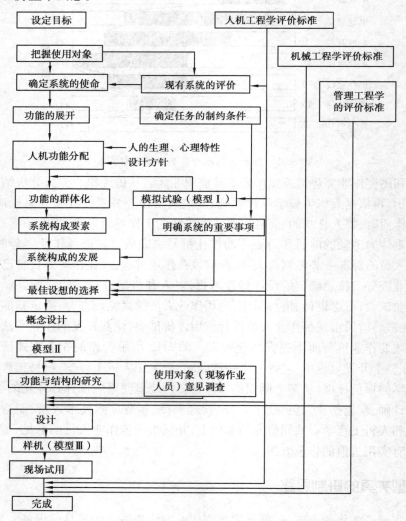

图 6-12　新的作业方式研制过程

四、新的作业方式评价

用新试制的造型翻转夹具进行生产现场试验,对造型夹具作业和地面作业进行比较,并对造型夹具减轻作业负荷的效果进行评价。将作业姿势的频度、持续时间的测定和腰及下肢的主要肌肉活动电位的测定与作业状况的记录同时进行,其结果如图 6-13 所示。图 6-13(a)所示为造型作业,图 6-13(b)所示为加工作业。在评价中,规定从直立到前倾 30°都称为"立姿",倾斜 30°以上称为"前屈"。对造型作业和加工作业所共同的地面作业独特负荷的主要因子作了比较。由图 6-11 可知,对于新的作业方式,占 25% ~40% 的作业频度高、且持续达 605 s 以上的长时间蹲姿完全没有了;而持续时间在 205 s 以上的短时间立姿和前屈则增加了。在加工作业中,大型铸造车间还可以利用夹具升降、旋转等调节功能,使作业人员获得持续时间达 7 ~8 min 的坐姿,对这一改进,作业人员十分满意。图 6-14 所示为在两种作业方式时操作者腰、腿肌电图的对比分析。由图 6-14 可知,操作者在作业时,从腰和下肢的表面电极导出肌电图(EMG)的振幅在新旧方式中显著不同。在造型作业和翻转作业两个方面都表明夹具作业方式时肌肉收缩程度小。特别是翻转作业,如果由人力来翻转 100 kg以上的铸件,由地面上搬起再翻转落地时,肌肉会产生激烈的静态收缩,肌肉活动达到了最大程度。如果采用夹具,用液压力代替人的体力,只会在其按钮时产生轻微的肌肉收缩,大大减轻了作业负荷。但是在作业中,如果使用夹具,作业人员必须采取立姿,这样增加了下肢的负担。但立姿作业可自由变换作业位置和姿势,避免了作业负荷的累积。从不同的角度对新的作业方式评价结果表明,新的作业方式除了减轻作业负荷,从根本上克服了铸造作业中特有的职业病——腰痛外,在作业过程中还省去了吊车等辅助设备,省去了不必要的作业程序,提高了作业效率。所以,新的作业方式达到了人机工程学研究预期的目标。

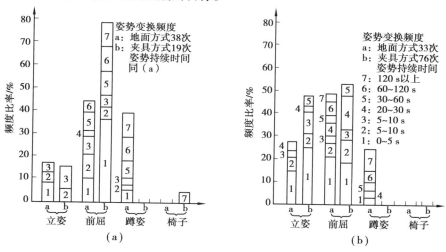

图 6-13　作业方式与姿势频度对比

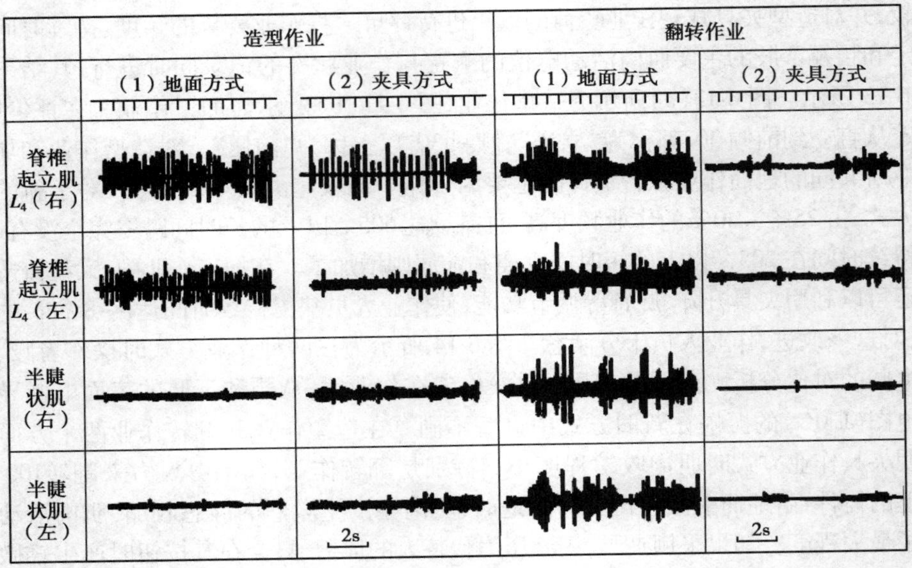

	造型作业		翻转作业	
	（1）地面方式	（2）夹具方式	（1）地面方式	（2）夹具方式
脊椎起立肌 L_4（右）				
脊椎起立肌 L_4（左）				
半腱状肌（右）				
半腱状肌（左）			2s	2s

图 6-14　作业者肌电图分析

能力单元七　环境特性的研究

走进
课堂

在日常生活中，可否抱怨过"这个地方太吵""这个地方太热了，让我如何工作？""如果环境稍微好一点，这种事故应该是可以避免的"……这些都是日常生活中的环境特性。学习完本单元，就能用所学知识对这些环境进行重新设计或优化改进。

任务一　热环境

一、作业环境的分类

根据作业环境对人体的影响和人体对环境的适应程度，可以把人的作业环境分为 4 个区域，见表 7-1。

表 7-1　作业环境按舒适性分类

类	别	特　征
第一类	最舒适	各项指标最佳，完全符合人的生理心理要求，长时间工作不感疲劳，工作效率高，操作者主观感觉满意
第二类	舒适	各项指标符合要求，人—机—环境关系基本协调，对人健康无损害，较长时间工作不感疲劳
第三类	不舒适	某些指标与舒适指标差距大，长期工作有损健康，导致职业病
第四类	不能忍受	如不采取技术手段将操作者与环境隔开，生命难以长久维持

在人—机—环境系统中，环境还可以按照来源分成自然环境和人工环境；按照环境对人—机的影响程度，可分为通常环境和异常环境；通常环境还可以分为物理环境、化学环境和生态环境几大类；按照环境基本参量可以分为热环境、光环境、声环境和振动环境等。

二、热环境的评价指标

热环境条件就是通常所说的气候条件;室内热环境也就是室内的微小气候环境。影响热环境条件的主要因素有:空气温度、空气湿度、空气流速和热辐射。

(1)空气温度

空气温度是用干球温度计测量得到的空气温度,测量时应把温度计与附近的热辐射源加以隔离。之所以称为干球温度,是因为测量时温度计的感温部分不加处置地置于空气之中,因此有别于下面即将讲到的湿球温度。

(2)空气的相对湿度

空气相对湿度通常简称为相对湿度,用空气中的水蒸气含量与在该温度下空气中水蒸气的饱和含量的百分比来表示。现在普遍采用的是便携式温度计,如图7-1 所示。空气中水蒸气的分压力单位有 Pa、mmHg 等。

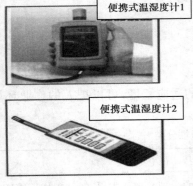

便携式温湿度计1

便携式温湿度计2

图 7-1 　温湿度计

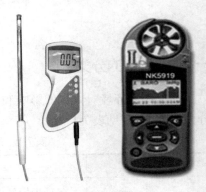

图 7-2 　风速仪

(3)气流

气流主要是在温度差形成的热压力作用下产生的。在舒适的温度范围内,一般气流速度为0.15 m/s 时,人即可感到空气新鲜。气流除受外界风力的影响外,主要与热源有关。热源使空气加热而上升,室外的冷空气进入室内,造成空气对流。室内外温差越大,产生的气流越大。气流通常用风速仪测定,如图 7-2 所示。

(4)平均热辐射温度

黑球温度 t_g 又称为平均热辐射温度,是用如图7-3 所示的黑球温度计测量得到的。黑球温度计的

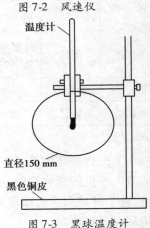

温度计

直径150 mm

黑色铜皮

图 7-3 　黑球温度计

感温部分置于直径 150 mm 的黑色铜质薄球壳的中心,由于黑球吸收辐射热,所以球内的温度能够定量地反映热辐射的影响。

三、热环境对人体及工作的影响

1. 人体散热的方式及影响因素

（1）体温及人体向环境散热

人体能够在变化着的环境中维持体温基本稳定,是由于人体内有复杂的热调节系统。人体的热调节系统存在于大脑神经中枢,而感温细胞则在皮肤、肌肉、肠胃等各处。根据感温细胞获得的温度信息,神经中枢控制新陈代谢热量的生成与排出,并通过血液循环使人体各部分的温度保持稳定。人体与环境之间的热量交换,虽然从理论上说应该是双向的,但实际上环境里的热量流向人体只发生在特殊的条件下,在人体环境间热量交换中占主导的,是人体里的热量向环境逸散,简称人体散热或散热。人在热环境里的舒适感、健康、安全、工作效率等问题都与人体散热的情况有关。

（2）人体散热的方式

人体向环境散热主要有以下 4 种方式。

①辐射人体表面时在向外辐射出波长较长的红外线,其散热速度与人体环境间的温度差及人体体表面积两个因素有关。

②传导当人体接触低于体温的物体时,热量向外传导。但由于人体表层和衣服都是非良导体,通常情况下传导在人体散热中占的比例不大。

③对流一般指人体将热量传给（温度较低的）空气,空气流动将热量带走,如此循环继续。对流的速度取决于体温气温差及气流速度两个因素。在空气温度达到 34.5 ℃以上时,人体散热的对流过程基本终止。

④蒸发可分为无感蒸发和发汗两种。无感蒸发指体液中的水分直接透出皮肤和呼吸道黏膜表面,在未形成水滴前就蒸发掉的蒸发形式。发汗也叫“可感蒸发”。即当体表附近（例如内衣与皮肤之间）的气温接近或超过皮肤温度,传导、辐射、对流这几种散热方式趋于失效,发汗的散热作用将逐渐上升而成为主要的散热方式。不同条件下人们发汗散热情况的差异很大:气温低、安静时发汗少;气温高、活动量大时发汗多。人们的发汗情况还存在明显的个体差异。

（3）影响人体散热的环境因素

与前面说的热环境参量相关,影响人体散热的因素也是空气温度、湿度、空气流速和室内各界面（墙面、顶棚、窗户、炉子等）的温度。为了简便,下面把室内各界面的温度简称为墙温。这里不便用过多的篇幅来详细分析各个因素对人体散热的综合影响,简要地说:在气温和墙温都相当高的条件下,对流和辐射的散热量很少,只能主要依靠蒸发过程来使人体散热;但若湿度也高,蒸发散热也难以实现,于是人体的温度就必然攀升上去,到一定限度将危及人的生命安全。这就是高温又高湿的室内会较快使人憋闷致死的原因。

2. 高温对人体及工作的影响

在高温情况下,身体吸收或产生的热量比散发的热量更多。这会导致身体内核温度上升,出现疾病,甚至死亡。

(1)高温对生理的影响

①对循环系统的影响。高温作业时,皮肤血管扩张,大量出汗使血液浓缩,造成心脏活动增加、心跳加快、血压升高、心血管负担增加。

②对消化系统的影响。高温对唾液分泌有抑制作用。使胃液分泌减少,胃蠕动减慢,造成食欲不振;大量出汗和氯化物的丧失,使胃液酸度降低,易造成消化不良。此外,高温可使小肠的运动减慢,形成其他胃肠道疾病。

③对泌尿系统的影响。高温下,人体的大部分体液由汗腺排出,经肾脏排出的水盐量大大减少,使尿液浓缩,肾脏负担加重。

④对神经系统的影响。在高温及热辐射作用下,肌肉的工作能力、动作的准确性、协调性,大脑反应速度及注意力降低。

高温对生理的影响还有如下特点:身体越健康,对工作热环境忍耐度越大;老人适应性差;女性对热的适应能力比男性差;大量的脂肪,不利于散热;饮酒易于引起中暑,不利于散热;经常工作于热环境中的人表现出对高温明显的适应性。

(2)高温对工作的影响

①对体力工作的影响。在有效温度升至大约 28 ℃时,并不影响人的生产效率,温度再升高则降低效率。

②对运动神经绩效的影响。对运动神经绩效的影响与工作类型有关;也存在对警觉的变化、意志和体温的影响。

③对安全行为的影响。工人的不安全行为与环境温度的关系为"U"字形,在17~23 ℃时,工人不安全行为比例最小。

(3)高温环境下的保护措施

①车间温、湿度应符合《工业企业设计卫生标准》,由于工艺要求湿度较高的车间,也应满足相关标准。

②进行合理的劳动组织管理,合理安排工作时间与休息时间。

③加强宣传教育,认真遵守高温作业的各项管理制度。

④改革工艺过程,改进生产设备和作业方法,改善高温作业条件,合理布置热

源,尽量隔绝热源。加强通风,降低车间温度。

⑤对高温作业工人做好就业前、入暑前的体检工作,对患有职业禁忌症的工人,不得安排其从事高温作业。

⑥夏季供给合理的饮料和营养,合理使用个人防护用品。

⑦做好中暑患者的治疗工作。

3. 低温对人体及工作的影响

低温环境,温度低于人体舒适程度的环境。一般取(21±3)℃为人体舒适的温度范围,因此18℃以下的温度即可视作低温。但对人的工作效率有不利影响的低温,通常是在10℃以下。低温环境除了冬季低温外,主要见于高山、南极和北极等地区以及水下。

(1)低温对人体的影响

低温对人体的影响,主要表现在两个方面。

1)低温冻伤

低温对人体的伤害作用最普遍的是冻伤。冻伤的产生同人在低温环境中暴露时间有关,温度越低,形成冻伤所需的暴露时间越短。如温度为5~8℃时,人体出现冻伤一般需要几天时间;而-73℃时,暴露12 s即可造成冻伤。冻伤的临床表现可分三度,一度为红斑,可以恢复;二度为水疱性冻伤,经治疗可以恢复;三度为坏疽,难于复原。人体易于发生冻伤的是手、足、鼻尖和耳郭等部位。

在-20℃以下的环境里,皮肤与金属接触时,皮肤会与金属粘贴,称为冷金属粘皮。这是一种特殊的冻伤。有氧化膜的铝和铁最易造成粘皮现象。表面光亮的铜和银等金属,表面粗糙或有冰雪、尘土等覆盖的金属,则不易造成这种现象。

2)低温症状

低温症状是指人在温度不十分低的环境(-1~6℃)中依靠体温调节系统,可使人体深部体温保持稳定。但是在低温环境中暴露时间较长,深部体温便会逐步降低,出现一系列的低温症状。首先出现的生理反应是呼吸和心率加快、颤抖等现象,接着出现头痛等不舒适反应。深部体温降至34℃以下时,症状即达到严重的程度,产生健忘、口吃和定向障碍;降至30℃时,全身剧痛,意识模糊;降至27℃以下时,随意运动丧失,瞳孔反射、深部腱反射和皮肤反射全部消失,人濒临死亡。

(2)防护方法

1)加温

利用供暖和空调系统使舱室等局部环境内的温度保持在舒适范围。穿衣是常用的一种低温防护措施。御寒衣服必须干燥,衣服内加温,能增加衣服的御寒效果。御寒必须注意手、足的保温,在极冷的条件下,使用电池加温的手套和袜子是一种有效的措施。

2)体力活动

剧烈的体力活动可使人体产生高达 1 400 kcal/h 热量,比平时人体代谢率提高到 20 倍左右。在 - 20 ℃以下的低温环境中,如果除厚衣外没有其他有效的防护措施,体力活动便成为一种必要的防护手段。

3)习服

人长期在低温环境中生活和锻炼,即可逐渐地适应低温,但这种习服是有限度的。

课堂讨论

1.以教室为例,作业环境包括哪些内容?

2.夏季在教室里学习是什么感受? 冬季呢?

实训任务一

高温作业中暑死亡案例增多

2013 年 7 月 30 日,某市公交总站,某公司公交车驾驶员用凉水毛巾搭在肩上降温,抵御 50 ℃驾驶室高温,如图 7-4 所示。

图 7-4

南京气温高达 38 ℃,南京一处建筑工地的工人和农民工在用自带的水壶喝水,如图 7-5 所示。

图 7-5

　　每年的 7 月,仅从媒体报道可知,在全国已发生多起高温中暑伤亡事故,"都是因为在野外和露天作业引发的中暑,重度中暑死亡率特别高,特别是在早期抢救不及时的情况下,死亡率会更高,会达到百分之八九十。"北京市某三甲医院急诊重症监护医生告诉《法制日报》记者。

　　业内人士认为,与粉尘等职业病相比,高温作业作为一种职业危害,由于其危害更为隐性,在过去长期不为人们所关注。但在这个夏天,高温的职业危害非常明显地显现出来。

　　试从专业和法律的角度提出高温作业对人体及工作有哪些影响,提出预防和改进措施。

 实训任务二

USB 供电的防寒手套

　　IT 人士和经常与计算机打交道的人看到这个肯定会一下子叫出来,好主意啊！要知道在冬天敲键盘是件多么痛苦的事,有了这个 USB 加热手套,再配上两种温度调节,让其使用者在冬天里也能够轻松应付繁重工作,如图 7-6 至图 7-8 所示。

图 7-6　　　　　　　　　　图 7-7　　　　　　　　　　图 7-8

　　试提出几种常见的防寒衣服,你能发明一些新的御寒服装吗？并针对我国目前的工作现状,提出预防和改进措施。

◎ **思考与练习题**

1. 高温对人体和工作有哪些影响？
2. 低温对人体和工作有哪些影响？
3. 热环境的基本评价参量是哪些？
4. 人体散热的方式有哪些？

任务二　光环境

合适的光环境是保持人们正常、稳定的生理、心理和精神状态，提高工作效率，减少差错和事故的必要条件。早期人机学的光环境研究主要是生产劳动作业场所的光环境，后来则关注到了各种工作和生活的室内空间光环境。

一、光环境的一般概念

1. 光通量

光通量（luminous flux，lm）是指从光源辐射出来，能引起人眼视觉的光能量辐射速率（单位时间内从光源辐射出来，能引起人眼视觉的光辐射能）。

一个 40 W 的白炽灯辐射出的光通量一般在 400 lm 上下；而一只 40 W 的荧光灯辐射出的光通量一般在 2 100 lm 上下；后者为前者的 5 倍或更多一些。但是，一定类型、一定功率（瓦数）的灯泡能发出的光通量都有一个不小的变动范围，很难给定准确的数据。这是由于灯泡的质量互不相同，旧灯泡随使用时间的加长而造成的光通量衰减（白炽灯泡光通量衰减可达到 20% ~ 30%），灯泡表面灰尘等覆盖污浊情况不同，电压波动等因素影响的结果。

2. 亮度

亮度（luminance）是指单位面积光源表面上（在给定方向上）的发光强度。亮度的单位是坎［德拉］每平方米，cd/m^2。

3. 照度

照度是指（在被光源照射的面上）投射在单位面积上的光通量。照度的单位是勒克斯（lx，lux），简称勒。

二、照明对工效的影响

1. 照明与疲劳

合适的照明,能降低近视力和远视力。因为亮光下瞳孔缩小,视网膜上成像更为清晰,视物清楚。当照明不良时,因反复努力辨认,易使视觉疲劳,工作不能持久。眼睛疲劳的症状有:眼睛乏累、怕光刺眼、眼痛、视力模糊、眼充血、出眼屎以及流泪等。眼睛疲劳还会引起视力下降、眼球发胀、头痛以及其他疾病而影响健康,造成工作失误甚至造成工伤。

2. 照明与工作效率

提高照度,改善照明,对减少视觉疲劳,提高工作效率有很大影响。适当的照明可以提高工作的速度和精确度,从而增加产量,提高质量,减少差错。舒适的光线条件,不仅对手工劳动,而且对要求紧张的记忆、逻辑思维的脑力劳动,都有助于提高其工作效率。

某些依赖于视觉的工作,对照明提出的要求则更为严格。增加照明并非总是与劳动生产率的增长相联系。照度提高到一定限度,可能引起目眩,从而对工作效率产生消极影响。研究表明,随着照度增加到临界水平,工作效率便迅速得到提高;在临界水平上,工作效率平稳,超过这个水平,增加照度对工作效率变化很小,甚至会加重视疲劳,使工作效率下滑,视疲劳和生产率随照度变化的曲线如图7-9所示。

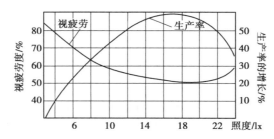

图 7-9　视疲劳和生产率随照度变化曲线

由于眼睛的调节能力随年龄的增加而下降,因此,年龄增加将导致眼睛调节时间延长,如果所从事的是视觉特别紧张的工作,则高龄人的工作效率比青年人更加依赖于照明。

3. 事故与照明

事故的数量与工作环境的照明条件有密切的关系。事故统计资料表明,事故产生的原因虽然是多方面的,但照度不足则是重要的影响因素。如我国大部分地区,在11月、12月、1月这3个月里白天很短,工作场所人工照明时间增加,和天然光照明相比,人工照明的照度值较低,因此事故发生的次数在冬季较多。

人眼在亮度对比过大或物体及其周围背景发出刺目和耀眼光线时,即在眩光状况下,会因缩瞳而降低视网膜上的照度,并在大脑皮层细胞间产生相互作用,使视觉模糊。眩光在眼球介内质内散射,也会减弱物体与背景间的对比,造成不舒适的视觉条件,进而导致视觉疲劳。夜间运行的汽车,当驾驶员为交会来车而将本车前照灯远光变换到近光时,由于50 m距离以外的路面照明急剧降低而导致形成"黑洞"效应,因而在5~10 s的时间内将丧失识别障碍物的能力,在随后的一段时间里实际上是盲目行车,极易造成事故。

4. 照明与情绪

据生理和心理方面的研究表明,照明会影响人的情绪,影响人的一般兴奋性和积极性,从而也影响工作效率。明亮的房间可令人愉快,如果让被试者在不同照度的房间中选择工作场所的话,一般都会选择比较明亮的地方。炫目的光线使人感到不愉快,被试者都尽量避免眩光和反射光。

总之,改善工作环境的照明,可以改善视觉条件,节省工作时间,提高工作质量,减少废品,保护视力,减轻疲劳,提高工作效率,减少差错,避免或减少事故,有助于提高工作兴趣,改进工作环境。

三、工作场所照明选择

1. 照明形式的选择

作业环境中的照明一般有3种形式,即天然采光、人工照明、混合采光。利用自然界的天然光源,解决作业场所照明的称为天然采光;利用人工制造的光源来解决作业场所照明的称为人工照明;当天然光源和人工光源合用时则称为混合采光。考虑到节省能源以及人们习惯太阳光谱,所以应考虑最大限度地使用天然采光。将工作场所布置成一个合理的照明场地后,将会提高工作的速度和精确度,增加产量,保证质量,保障安全。

2. 人工照明方式的选择

（1）一般照明

一般照明也称全面照明。它是指不考虑特殊的局部需要为照亮整个被照面积而设置的照明。采用这种照明方式,可使作业者的视野亮度一致,视力条件好,工作时感到愉快。它的一次投资费用较少但耗电较多。它适用于对光线投射方向没有特殊要求,工作点较密集或者作业时工作点不固定的场所。

（2）局部照明

局部照明是指增加某一指定地点的照度而设置的照明。由于它靠近工作面,故耗电少而照度高,但要注意直接眩光和使周围变暗的影响。一般来讲,对工作面照度要求不超过 30 ~ 40 lx 时,可不必采用局部照明。

（3）综合照明

综合照明是指由一般照明和局部照明共同构成的照明。其比例以 1 : 5 为好。若对比过强则将使人感到不舒适,对作业效率有影响。对于较小的工作场所,一般照明的比例可适当提高。综合照明是一种最经济的照明方式,常用于要求照度高,或有一定的投光方向,或固定工作点分布较稀疏的场所。

（4）特殊照明

特殊照明是指应用于特殊用途,有特殊效果的各种照明。如透过照明、不可见光照明、色彩检查照明、彩色照明等。

四、照明标准

照明标准是照明设计和管理的重要依据。我国的照度标准是采用间接法制订的,即从保证一定的视觉功能来选择最低照度值,同时进行大量的调查、实测,并且考虑了我国当前的电力生产和消费水平。表7-2 列出了我国工厂的照度标准。

表 7-2　工厂的照度标准（lx）

作业种类	作业举例	综合照明		只用一般照明
		局部照明	一般照明	
超精密	超粗密机械操作,超精密检查,半导体微型件装配,精密雕刻	5 000 ~ 1 000	100 ~ 50	—
精密	精密机械操作,金属检验,排字,电视机等小型产品装配,暗色布检查,裁缝	100 ~ 300	80 ~ 40	—
	汽车装配修理,暗色物纺织,精密油漆作业	—	—	200 ~ 100
普通	机械加工,铸工造型,明色布检查,裁缝,控制盘	300 ~ 100	60 ~ 30	—
	金属热处理,造纸,化工,喷绘,明色物纺织	—	—	100 ~ 50

续表

作业种类	作业举例	综合照明		只用一般照明
		局部照明	一般照明	
粗	粗木工,钣金,印刷	100 ~ 50	40 ~ 20	—
	金属冶炼,铸造,化工炉	—	—	50 ~ 20

课堂讨论

以教室照明演示,让学生讲述照明的形式。

实训任务

北京奥运"鸟巢"与"水立方"应急照明系统

Cooper Menvier 为国家游泳中心(图 7-10)量身定制的全方位的应急照明解决方案,实现了"及时的应急照明切换、安全的应急照明系统、合理的应急照明强度、完善的系统智能控制和高效的自动巡检维护",充分体现了"绿色奥运、科技奥运、人文奥运"的宗旨。

图 7-10　鸟巢与水立方

自己搜集资料,了解"鸟巢"与"水立方"应急照明系统是如何设计以及如何实现上述功能的。

思考与练习题

1. 什么叫光通量?

2. 什么叫照度？照度的单位？
3. 简述照明与工作效率的关系。
4. 作业环境照明形式有哪些？
5. 什么是综合照明？其特点是什么？
6. 防止和减轻眩光对作业的不利影响,应采取的主要措施有哪些？

任务三　声环境

一、声音的计量

在物理学中用以计量声音强弱的物理量,见表7-3。

表7-3　计量声音强弱的物理量

名称/代号	定　义	单位名称,符号
声功率/W	声源在单位时间内以声波形式发射出的能量	瓦(W)
声强/I	单位时间内,垂直于声波传播方向的单位面积上所通过的声能	瓦/平方米(W/m^2)
声压/p	由于声波作用于物体而引起的压强增加量	牛顿/平方米即帕(Pa)

声音的声压级即分贝(dB)值,是目前应用最广泛的声音计测量值。因此,对声音的分贝值与人耳感觉的一般关系、声音的分贝值对人体的影响,都应该有一些数值观念,表7-4给出了这样的对照关系。

表7-4　声压级(dB)、人耳感受及对人体的影响

声压级/dB	人耳感觉	对人体的影响	声压级/dB	人耳感觉	对人体的影响
0～9	刚能听到	安全	90～109	吵闹到很吵闹	听觉慢性损伤
10～29	很安静	安全	110～l29	痛苦	听觉较快损伤
30～49	安静	安全	130～149	很痛苦	其他生理受损
50～69	感觉正常	安全	150～l69	无法忍受	其他生理受损
70～89	逐渐感到吵闹	安全			

二、乐音与噪声

1. 乐音及其作用

环境中的声音可以分成乐音和噪声两大类。能让听觉产生舒适感、使人感到愉悦的声音称为乐音。乐音有来自自然界的，也有人工制作的。

为了使操作者精神状态得到放松、缓解工作疲劳、提高效率而在劳动工作场所播放的音乐，称为工作场所背景音乐（Background Music，BGM），也称为"生产性音乐"。根据研究与实践可知，播放背景音乐主要有以下作用：

①对作业者精神紧张有松弛作用，且对女性的效果比男性显著。

②对单调枯燥的重复性作业有减轻烦躁感的效果。

③对较为自由的手工作业，能使作业者减少互相聊天、减少停工休息的时间，从而提高工作量。

④针对作业性质选择节奏、曲调、响度合适的乐曲，营造轻松的气氛，能缓解疲劳、提高效率、减少差错率。

⑤对有害的环境噪声有遮盖作用。

2. 噪声及其危害

（1）噪声

从物理学的角度来说，声波频谱与强弱对比杂乱无章、强度过强或强度较强且持续时间过长的声音，称为噪声。从人的主观感受而言，凡是干扰人们工作、学习、休息的声音，即不需要的声音，都属于噪声。前者是关于噪声的客观标准，后者是关于噪声的主观标准。两个标准并不是等同的：客观标准的噪声一定也是主观标准的噪声，但反过来却未必。譬如，家居装修中在地面、墙面上开凿或钻孔的声音是客观标准的噪声，它不但对邻居、同时对户主、装修工等所有人也都是（主观标准的）噪声；而一段戏曲、歌曲、音乐，或一段播送的故事、对话，虽然不是客观标准的噪声，但对于正想睡眠，或正专心致志地学习与思考的人，在此时却属于主观标准的"噪声"了。

（2）噪声的危害

噪声的影响或危害随噪声强度和持续时间的增加而加强，主要有以下几方面：

1）对人体的危害

较轻的是影响休息、影响睡眠；持续的噪声，使人精神烦躁、情绪不安，噪声超过85 dB，多数人会感到心烦意乱；强噪声会损伤听力，直至造成耳聋；持续的、超过90 dB 的较强噪声对人体健康会造成更多方面的危害：引起体内肾上腺分泌增加，导致血压上升,肠胃功能失调;进一步会伤害到人的神经和心血管系统。当噪声达到 95 dB 时,人的视觉敏感性下降,在弱光下识别物体更加困难,等等。

2)对工作的影响

噪声超过 70 dB 以后,对各种工作都有一定影响,表现为:注意力涣散、反应时间加长、记忆困难、计算能力受到干扰等。因此工作效率和质量降低,差错率上升。上述影响对精细工作和脑力工作尤其显著。

3)对语音信息传播的影响

噪声直接影响语音传播是很明显的,例如电话交谈的语音声压级一般为60~70 dB,当环境噪声在 55 dB 以下时,通话清晰顺畅;环境噪声分别为 65 dB、75 dB、85 dB 时,通话便从稍有困难、相当困难变成几乎无法进行。

随着工业、交通业的发展,噪声污染成为城市公害的问题日益突出。在我国的北京、上海等大城市,对污染的投诉中,噪声污染案件已占全部投诉的 40% 以上。据有关部门估计,我国有 20% ~30% 的工人暴露在损伤听觉的强噪声环境之下,有超过 1 亿人的生活中存在噪声的干扰。

三、噪声控制方法

我国心理学界认为,控制噪声环境,除了考虑人的因素之外,还须兼顾经济和技术上的可行性。充分的噪声控制,必须考虑噪声源、传音途径、受音者所组成的整个系统。控制噪声的措施可以针对上述 3 个部分或其中任何一个部分。噪声控制的内容包括:

1. 控制噪声源

降低声源噪声,工业、交通运输业可以选用低噪声的生产设备和改进生产工艺,或者改变噪声源的运动方式(如用阻尼、隔振等措施降低固体发声体的振动)。

2. 阻断噪声传播

在传音途径上降低噪声,控制噪声的传播,改变声源已经发出的噪声传播途径,如采用吸音、隔音、音屏障、隔振等措施,以及合理规划城市和建筑布局等。

3. 在人耳处减弱噪声

受音者或受音器官的噪声防护,在声源和传播途径上无法采取措施,或采取的声学措施仍不能达到预期效果时,就需要对受音者或受音器官采取防护措施,如长期职业性噪声暴露的工人可以戴耳塞、耳罩或头盔等护耳器。

噪声控制在技术上虽然现在已经成熟,但由于现代工业、交通运输业规模很大,要采取噪声控制的企业和场所为数甚多,因此在防止噪声问题上,必须从技术、经济和效果等方面进行综合权衡。当然,具体问题应当具体分析。在控制室外、设计室、车间或职工长期工作的地方,噪声的强度要低;库房或少有人去的车间或空旷地方,噪声稍高一些也是可以的。总之,对待不同时间、不同地点、不同性质与不同持续时间的噪声,应有一定的区别。

课堂讨论

在教室上课时,通常有哪些噪声?

实训任务

对某公司纺织工人噪声及防护知识的认知现状调查

目的:了解某市纺织工人对噪声防护知识的认知现状,发现对防护行为有影响的相关因素,以便采取有针对性的防护措施。

方法:采用问卷调查方式,对所调查对象进行有关噪声及防护知识的调查。

结果:提高纺织工人对噪声危害的认识,提出降低噪声的方法和措施。

思考与练习题

1. 噪声对工作的危害有哪些?
2. 请简述噪声控制方法。

任务四　能力实践——家具制造车间的环境设计

主要从以下几个方面来设计家具制造的车间环境:人的因素,微气候环境,照明环境,色彩环境,噪声及振动环境,空气环境等。

一、人的因素

人的因素是人—机—环境系统设计的重要考虑因素,无论是设备,工具设计,还是作业环境设计都要考虑人的生理和心理特征。以人体能量消耗为例,这是一个生理方面的因素。

设计者采取开放式测定法来测定家具制造车间的工人的能量消耗,做法是:让人体从空气中直接吸气,将呼出的气体收集起来,然后对收集的气体进行成分分析。呼出气体中氧气和二氧化碳含量与空气中的氧气和二氧化碳含量的差额就是人体活动过程中的氧耗量和二氧化碳生成量。

能量消耗的多少直接关系到人体的各个系统,感觉系统会感到体力消耗,进而使神经系统感到身心疲惫,这对人的情绪、意志都会产生很大的影响,进而影响生产制造的效率。

为此,不能让家具制造车间的工人过度劳累,而要选择适当的劳动强度,这样才能获得事半功倍的效果。

二、热环境

热环境主要包括空气温度,空气湿度,气流速度以及热辐射条件 4 个参数。例如,车间的热辐射源刚启动时,周围器具,建筑物的表面温度还比较低,局部环境的气候状况要另行考虑。微气候会直接影响人的情绪,疲劳程度,健康,舒适感觉和工作效率,不良的微气候环境会增加人的疲劳感,降低劳动效率,影响人的健康。

为此,必须使家具制造车间的微气候为最好的状况,可从以下几个方面考虑:

1. 空气温度

根据科学测量,家具制造车间的舒适温度应为 17 ~ 22 ℃。

2. 空气湿度

根据科学测量,家具制造车间的最优相对湿度应为 50%。

3. 气流速度

根据科学测量,家具制造车间的舒适气流速度应为 2 ~ 3 m/s。

4. 热辐射

根据科学测量,家具制造车间的热辐射最好为 1 001 ~ 2 100 W/m²。

热环境在这里显得很重要,为此必须严格按照以上指标来设计家具制造车间的环境,才是最佳的。

三、照明环境

照明对工作的影响,尤其表现在照明不好的情况下,人会很快的疲劳,工作效率低,效果差。照明不好,由于反复努力辨认,造成视觉疲劳。通过测定,可以得到表 7-5。

表 7-5 照明与视觉疲劳的关系

照度/lx	10	100	1 000
最初及最后 5 min 眨眼次数/次	35 ~ 60	35 ~ 46	36 ~ 39
最后 5 min 眨眼次数增加百分数/%	71.5	31.4	8.3

工作场所的照明大概可以分为:一般照明、局部照明、综合照明、特殊照明。家具制造的车间照明见表 7-6。

表 7-6 家具制造车间照明

参考平面及其高度	照度标准值/lx	显色指数/Ra	备 注
距地 0.75 m 水平面	300	60	另加局部照明

四、色彩环境

色彩在人类生产活动中起着极为重要的作用,若恰当的色彩设计能让环境变得美观,让操作者心情舒畅,愉快,视觉良好,则有利于提高工作效率;若色彩不当,则可能破坏机器外观,引起操作者的视觉疲劳,心理上的压抑、反感,从而降低工作效率。

为此,家具制造的车间色彩应满足以下要求:

①应使环境色彩形成的反射光配合采光照明形成足够的明视性。

②尽量避免施色涂层形成的高光对视觉的刺激。

③应形成适合作业的中高明度的环境色背景。

④应避免配色的对比度过强或过弱,保证适当的对比度。

⑤应避免大面积纯度过高的环境色,以防视觉受到过度刺激而过早产生视觉疲劳。

⑥应避免如视觉残像之类的虚幻形象出现,确保生产安全。

五、噪声及振动环境

①在家具制造车间里可能会有一些机械噪声,这是由固体振动产生的机械设备在运行过程中,其金属构件,轴承,齿轮等通过撞击,摩擦,交变机械应力而产生的。

噪声对听力的影响是很大的,而且让人精力难以集中,情绪焦躁不安,产生心理不愉快感。对其他生理机能也有影响。

因而,在家具制造车间的噪声不能过大,应该符合表7-7 的标准。

表7-7 家居车间噪声标准

每个工作日允许工作时间/h	允许噪声级/dB(A)ISO(1971 年)
8	90
4	93
2	97
1	99
0.5	102
0.25	115

②家具制造车间可能也会有振动,国家给定的振动控制标准见表7-8、表7-9。

表7-8 局部振动强度卫生限值

日接振时间/h	卫生限值/(m·s⁻²)
2 ~ 4	6
1 ~ 2	8
≤1	12

表7-9 全身振动强度卫生限值

工作日接触时间/h	卫生限值	
	dB(A)	m/s²
8	116	0.62
4	120.8	1.1
2.5	123	1.4
1.0	127.6	2.4
0.5	131.1	3.6

家具制造车间的振动强度应该符合以上标准,并可采取以下措施来控制振动:
①减少和消除振源;②改进生产工艺;③增加设备的阻尼;④采取隔振,吸振措施;

⑤采用钢丝弹簧类、橡胶类等多种形式的减振器;⑥降低设备减振系统共振频率。

六、空气环境

空气中的污染物种类很多,已知的能够产生危害的或受到人们重视的污染物大概有百种,主要可以分为有害气体、固体颗粒、可溶性重金属和放射性物质等。

在家具制造车间里,可能有以下几种空气污染:室内装修材料的污染,家具本身的污染等。

能力单元八　安全人机系统及其设计

走进课堂

　　在现实生活和生产工作中，每时每刻都在发生各式各样的事故，以致夺走人的生命。这主要归结于人、机、环境之间关系不相协调的结果。于是，以减少事故、提高系统安全性为目的的人机系统的研究，日益被人们所重视。

任务一　人机功能匹配

一、人机系统

　　人机系统中的人是主要研究对象，但又不是孤立地研究人，它同时研究系统的其他组成部分，并根据人的特性和能力来设计和改造系统。

1.人机系统的组成

　　在一定的环境条件下，人机系统包括人和机两个基本组成部分，它们互相联系构成一个整体。图 8-1 所示为人机系统的模型。该图表明，人机之间存在着信息环路，人机互相联系。这个系统能否正常工作，取决于信息传递过程能否持续有效地进行。

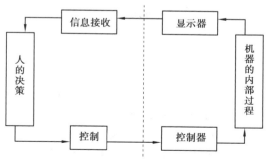

图 8-1　人机系统模型

在人机系统中,人起着主导作用。这主要反映在人的决策功能上,因为人的决策错误是导致事故发生的主要原因之一。

2.人机系统设计程序

人机系统设计是按照系统论的方法而进行的一种总体设计,即将整个人机系统划分为一系列具有明确定义的设计阶段,而每个阶段的设计活动和任务必须是明确的。人机系统设计的每一阶段都是由互相联系的一系列设计活动组成,而各个阶段之间具有时间上的顺序性,即只有上一阶段的设计活动完成后,才能进行下一阶段的设计活动。这就构成了人机系统的设计程序,通常可分为以下几个阶段。

①定义系统目标和参数阶段,包括确定使用者的需求,确定使用者的特性,确定群体的组织特性,确定作业方式,确定作业效能的测量参数及测试方法。

②系统定义阶段,包括定义功能要求,定义操作(作业)要求。

③初步设计阶段,包括功能分配、作业流程设计和作业反馈机制设计。

④人机界面设计阶段,包括显示装置设计、控制装置设计和作业空间设计。

⑤作业辅助设计阶段,包括制订使用者素质要求、设计操作手册、设计作业辅助手段和设计培训方案。

⑥系统评价阶段,包括制订评价标准、实施评价和作评价结论。以上为人机系统设计过程中的总体程序。

3.人机系统的设计方法

人机系统设计是在环境因素适应的条件下,重点解决系统中人的效能、安全、身心健康及人机匹配优化的问题。

人机系统的设计方法包括自成体系的设计思想和与之相应的设计技术,好的设计方法和策略使设计行为科学化、系统化。常见的设计方法主要有以下几种。

(1)人机功能分配法

在人机系统中,把已定义的系统功能按照一定的分配原则,合理地分配给人和机器。在这当中,有的系统功能分配是直接的、自然的,但也有些系统功能的分配需更详尽的研究和更系统的分配方法。

(2)作业分析

作业分析是指对已分配给人的功能进行分析,从而使系统中的作业与作业之间建立协调一致的关系。使作业者清楚地了解要做什么、怎样做、什么时间完成,只有这样科学地管理,才能获得人的高效率,防止作业失误。

作业分析包括:确定系统的作业结构、确定作业、编制作业流程图、建立作业序。

二、人机功能匹配

1. 人的主要功能

人在人机系统操纵过程中所起的作用,可以用图 8-2 作概括性说明。

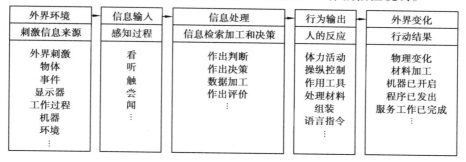

外界环境	信息输入	信息处理	行为输出	外界变化
刺激信息来源	感知过程	信息检索加工和决策	人的反应	行动结果
外界刺激 物体 事件 显示器 工作过程 机器 环境 ⋮	看 听 触 尝 闻 ⋮	作出判断 作出决策 数据加工 作出评价 ⋮	体力活动 操纵控制 作用工具 处理材料 组装 语言指令 ⋮	物理变化 材料加工 机器已开启 程序已发出 服务工作已完成 ⋮

图 8-2　人在操作活动中的基本功能示意图

由图 8-2 可知,人在人机系统中主要有以下 3 种功能。

（1）人的第一种功能——传感器

通过感觉器官(视觉、听觉、触觉等)接受信息,感知系统的作业情况和机器的状态。

（2）人的第二种功能——信息处理器

将接受的信息和已储存在大脑中的经验和知识信息进行比较分析后,作出决定,如作出继续、停止或改变操作的决定。

（3）人的第三种功能——操纵器

根据决定采取相应行动,如开关机器或增减其速度等。

2. 机器的主要功能

机器是按照人的某种目的与要求进行设计的,尤其是自动化程度较高的机器更是如此。由图 8-1 人机系统模型可以看出,机器主要有接受信息、储存信息、处理信息和执行命令 4 种功能。

3. 人与机器功能特征的比较

在人机系统设计中,首先要按照科学的观点分析人和机器各自所具有的不同特点,以便研究人与机器的功能分配,从而扬长避短,各尽所长,充分发挥人与机器的各自优点;从设计开始就应尽量防止产生人的不安全行动和机器的不安全状态,做到安全生产。人与机器的功能性比较见表 8-1。

表 8-1　人与机器的功能性比较

比较内容	人的特征	机器的特征
创造性	具有创造能力,能够对各种问题具有全新的、完全不同的见解,具有发现特殊原理或关键措施的能力	完全没有创造性
信息处理	人有智慧、思维、创造、辨别、归纳、演绎、综合、分析、记忆、联想、决断、抽象思维等能力	能储存大量信息和迅速取出信息,能长期储存,也能一次废除,信息传递能力、记忆速度和保持能力都比人高
可靠性	就人脑而言,可靠性和自动结合能力都远远超过机器。但在工作过程中,人的技术高低、生理及心理状况等对可靠性都有影响。可处理意外的紧急事态	经可靠性设计后,可靠性程度高,且质量保持不变。但自身的检查、维修能力差,不能处理意外的紧急事态
控制能力	可进行各种控制,且在自由度、调节和联系能力等方面优于机器。同时,其动力设备和效应运动完全合为一体,能"独立自主"	操纵力、速度、精密度、操作数量等方面都超过人的能力,必须外加动力源才能发挥作用
工作效能	可依次完成多种功能作业,但不能进行高速运算,不能同时完成多种操纵和在恶劣环境条件下作业	能在恶劣环境条件下工作,可进行高速运算和同时完成多种操纵控制,单调、重复的工作也不降低效率
感受能力	人可识别物体的大小、形状、位置和颜色等特征,对不同声音和某些化学物质也有一定的分辨能力	在感受超声、辐射、微波、电磁波、磁场等信号方面,超过人的感受能力
学习能力	具有很强的学习能力,能阅读也能接收口头指令,学习性强	无学习能力
归纳性	具有归纳思维能力	只能理解特定的事物
耐久性	容易产生疲劳,不能长时间连续工作,且受年龄、性别与健康情况等因素的影响	耐久性高,能长期连续工作,并大大超过人的能力

4. 人机功能匹配

为了充分发挥人与机器各自的优点,让人员和机器合理地分配工作任务,实现

安全高效地生产,应根据人与机器功能特征的不同,进行人和机器的功能分配。其具体的分配原则如下:

（1）利用人的有利条件

①能判断被干扰阻碍的信息;

②在图形变化的情况下,能识别图形;

③对多种输入信息能辨认;

④对于发生频率低的事态,在判断时,人的适应性好;

⑤解决需要归纳推理的问题;

⑥对意外发生的事态能预知、探讨。

在处理以上情形时,利用人即为有利条件。

（2）利用机器的有利条件

①对决定的工作以反复计算,能储存大量的信息资料;

②迅速地给予很大的物理力;

③整理大量的数据;

④受环境限制,由人来完成有危险或易犯错误的作业;

⑤需要调整操作速度;

⑥对操纵器需要精密的施加力;

⑦需要施加长时间的力时用机器好。

总之,人机功能分配,应全面考虑下列因素:

①人和机器的性能、特点、负荷能力、潜在能力以及各种限度;

②人适应机器所需的选拔条件和培训时间;

③人的个体差异和群体差异;

④人和机器对突然事件应激反应能力的差异和对比;

⑤用机器代替人的效果,以及可行性、可靠性、经济性等方面的对比分析。表8-1列出了人与机器在感受能力、控制能力、工作效能、信息处理、作业可靠性和工作持久性等方面的特征比较。

课堂讨论

1. 打开计算机,你怎么判断机器是否正常工作?

2. 为什么海底探测常用遥感探测仪?

◎ **实训任务**

下面同学们分别用计算器和手工计算 999 999 × 999 999 ÷ 83 ÷ 71 的值,精确到小数点后 4 位,并对用计算器和手工计算的时间进行计时,最后总结归纳出计算器完成的是什么工作? 与人相比有什么特点?

◎ **思考与练习题**

1. 通过人与机器的功能特征比较,总结出人的有利点和机器的有利点。
2. 简述人机系统的组成。

任务二 人机系统的安全评价

人机系统设计和评价方法有很多,这里只介绍比较简便和实用的连接分析评价法和人机系统的可靠性分析。

一、连接分析评价法

1. 连接的概念

连接分析评价法是一种对已设计好的人机系统进行评价的简便方法。它是用"连接"来表示人、机之间的关系的。"连接"是指人与机器、人与人任何一种关系,如一个人直接接触、看或听某一部机器,就是一种连接。连接的形式主要有:

(1)对应连接

在作业过程中,操作人员与机器及外界条件进行有形或无形的接触,从而发生对应关系,将这种对应关系称为对应连接。

(2)逐次连接

人在作业过程中,需要多次逐个的连续动作而形成的连接称为逐次连接。此外,还可按人、机的各种关联特征分为操作连接、视觉连接、语言连接和行走连接等。

用连接来分析人机系统,分析操作者与设备之间的配置情况,一般可按下列程序进行:

①运用一定的符号列出包括设备和操作人员在内的人机系统的主要因素。一般操作者用圆形、设备用矩形、重要程度用正方形、频率用三角形、操作连接用细实

线、视觉连接用虚线、行走连接用点画线表示。

②确定连接的形态,定出"重要程度"和"频率"。重要程度可采用打分法,重要程度高者为 4 分,低者为 1 分。频率可按单位时间内的实际平均次数计算。

③计算连接值。把使用的重要程度和使用频率相乘,其积即为连接值。

$$连接值 = \sum (重要程度 \times 频率)$$

④检核最终情况是否达到要求,即分析各种连接的效果。

a. 操作连接:工作范围最佳,操作省力方便,手脚负荷分配合理,工作有节拍。

b. 视觉连接:视距适当,视线不受阻挡,清晰度高,照明良好等。

c. 语言连接:声音清晰,可以互换,可以准确传达信息。

d. 行走连接:行走路线短,干扰性最小。

2. 连接分析法

将人机系统中的操作者、设备、重要程度、频率都描绘在图中,标出连接类型,然后进行连接值的分析比较。图 8-3 所示为对应连接分析图,图中矩形 A、B、C、D 为设备与人的对应部分;正方形为重要程度,用数字表示;三角形为频率,用数字表示,然后根据分析计算连接值。

对于机械设备 A 部,操作者看 B、C 部时,以右手操作;对于 D 部,操作者看 B、C 部时,以左手操作。对应的操作构成对应连接。

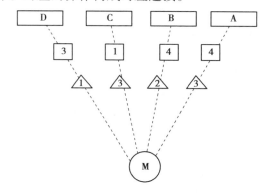

图 8-3　对应连接分析图

根据连接关系中每一设备的重要性及其使用频率,用打分法标在连接图上。如果设备 A 和 B 的重要程度最高,均记为 4 分,其次 3 分,C 记为 1 分。频率的情况是,A 为 3,B 为 2,C 为 3 和 D 为 1。然后根据对应连接分析图进行连接值计算,见表 8-2。

表 8-2　连接值的计算

机械设备	重要程度 I	频率 II	连接值 I × II	机械设备	重要程度 I	频率 II	连接值 I × II
A	4	3	$4 \times 3 = 12$	C	1	3	$1 \times 3 = 3$
B	4	2	$4 \times 2 = 8$	D	3	1	$3 \times 1 = 3$

根据计算的连接值,可以调整设备与人的关系,得出较佳的人机系统的设计,使操作者对 A、B 两部的使用条件最佳,而 C、D 连接值较低,可以离操作者稍远。这种分析可以调整多次,直到取得最简便、最合理的配置方案为止。

二、人机系统的可靠性分析

1. 人机系统的可靠性

人机系统最重要的形式就是人与机器的相互结合。为了获得人机系统的最高效能,除了机器本身的可靠性指标要高以外,还要求操作者技术熟练以及机器要符合人的生理要求,即人的可靠性指标也要高。所以,人机系统的可靠性与机器的可靠性和人的操作可靠性有关,其关系表达式为:

$$R_s = R_m R_h$$

式中　　R_s——人机系统的可靠性;

　　　　R_m——机器设备的可靠性;

　　　　R_h——人操作的可靠性。

机器设备的可靠性是指机器、部件、零件在规定条件下和规定时间内完成规定功能的能力。假设机器设备的可靠性为100%,人的操作可靠性为40%,那么人机系统的可靠性即为:

$$R_s = R_m R_h = 100\% \times 40\% = 40\%$$

这说明,一台可靠性很好的机器,会因人操作的可靠性太差,而影响人机系统的可靠性,从而降低工作效率,甚至损坏机器。

2. 系统效能的可靠性

上述人机系统的可靠性是一般而言的。如果一个系统由两个或两个以上的部件组成(机器和人等都可看作部件),那么这样组成的系统的可靠性,不但与每个部件的可靠性有关,而且与各个部件在系统中的组合形式有关。部件在系统中的组合形式,一般有"串联"和"并联"两种,其可靠性也不一样。

部件串联就是部件按顺序的配置,相互间的关系是功能关系和依赖关系。所以,在一个串联系统中,每一部件均以其自身的因素降低系统的效能,而且几乎总是有某种故障发生。若部件越多,则系统效能降低越厉害。部件并联是指每一个部件都配有"后备"部件的组合方式,即一个部件为另一个部件备用,一个部件出了故障,马上由另一个部件顶替。这样的配置又称为冗余配置。显然,一个可靠性相同的部件,由于在系统中的组合形式不同,其系统效能的可靠性也不同。用于串联时,系统效能可靠性降低;用于并联时,系统效能可靠性可以获得提高。所以,即使单个部件的可靠性比较低,但多用几个部件并联,却可得到较高的可靠性。

课堂讨论

以自身在金工厂的实习为例,分析为差错发生的原因。

实训任务

案例 1:某热轧车间,一挂吊工与吊车司机配合进行钢管的包装作业,即将已捆扎后的钢管吊运到小车上。这是一个较简单的,且长时间形成习惯性的配合作业。一次,挂吊工在完成挂吊之后,突然发现小车上的隔杠窜动,他即上小车拔隔杠,这时司机将刚挂吊完的一捆钢管吊起,恰好落在挂吊工的后背上,挂吊工被重压致死。

本例中,司机与挂吊工都是受习惯作业的影响,司机没有认真瞭望和确认被吊物下是否有人就盲目落钩,挂吊工认为人在小车上,司机不能落钩,也没有进行正常的联系。同时,挂吊工与司机都疏漏了安全工序。因为吊车司机应服从挂吊工的指挥,而挂吊工必须正确地发出信号。

案例 2:有一伏案设计的电气工程师,突然想起要测一下变电站电机的某一尺寸。在没有换工作服的情况下,穿着宽松的长袖衫到低矮的变电间屈身去实测。正当测量之时,长袖衫脱卷,他下意识地举起右手,并用左手去卷右衣袖,结果他的右手指尖接触电线,导致触电死亡。这就是在完全应急的情况下忘记了危险的不安全行为。防止的办法就是采用联锁断电或根本禁止进入这种带电场所。

根据以上两个案例,讨论分析研究人的可靠性的意义。

思考与练习题

1. 什么是连接分析评价法?
2. 如何提高人机系统的可靠性?

任务三　能力实践——自行车设计

一、人—自行车系统

组成自行车的功能是供人骑行,就发挥自行车的功能作用而言,把人看作自行车的组成部分是完全合理的。因此,人在骑车时组成了人—车系统,该人—车系统中的人—车界面关系可由图8-4来进行分析。

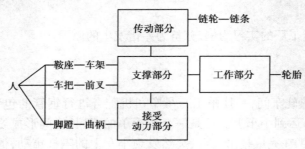

图8-4　人—车界面关系

1. 人与支排部件关系

支撑部件主要有车架、前叉、鞍座和车把等,是自行车的构架。支撑部分将其他零部件固定在相互间正确的位置上,保证自行车的整体性,实现自行车的功能。从人机关系来看,鞍座、车把和车架等的位置和大小,以及它们间的相互关系,与骑车人的位置和肌肉的动作有着密切的联系。

2. 人与动力接受部件关系

动力接受部件主要是脚蹬和曲柄。动力是靠骑车人的双脚踩在脚蹬上,下肢运动的力使曲柄转动而产生的。为了使人省力和有舒适感,必须在骑自行车人的体格和体力与自行车元件的尺寸关系上下功夫,即研究人体下肢肌肉的收缩运动与曲柄转动之间的能量转换问题。

3. 人与传动部件关系

传动部件主要是滚珠、链条和链轮。人的作用力是通过链条和链轮传动而带动后轮转动,从而使自行车前移。传动部分的设计关键是要有较高的传动效率和可靠性,且有易操纵的变速机构。保证较高的传动效率,才能使人用一定的肌力而获得较大的输出功率。

4. 人与工作部件关系

工作部件就是车轮,即车圈、轮胎等。绝大部分轮胎是充气的,少数是实心的。车轮一方面把骑车人的肌肉力量有效地转换为同地面接触而向前运动的力;另一方面将骑车人的握力转换为与接地部分所产生的刹车阻力。在设计自行车的各部分尺寸、车闸及变速器等工作部件时,应着眼于骑车人—动力—传动—工作的连贯性,才可能设计出同骑车人手的大小或握力相适应的闸把、刹车力适当的车闸,才不会发生刹车阻力不够而造成失误的现象。

二、影响自行车性能的人体因素

影响自行车性能的人体因素很多,如图 8-5 所示。现主要分析下述几点:

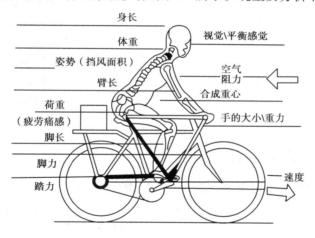

图 8-5　影响自行车性能的人体因素

①人的体格因素以身高 H 为基本因素,其他身体的能力与 H 成比例,并有与 H_2、H_3 成比例的特性。如手臂、腿、气管等的长度与身高成比例,从而以骨关节为中心所产生的力矩、步幅等,都取决于 H 的大小。肌肉、大动脉、骨骼的截面积以及肺泡的表面积等都可看成与 H_2 成比例。肺活量、血液量、心脏容量等都可看成与 H_3 成比例。体格对出力性能的影响从理论上讲,弹跳能力与 H 成比例,速度能力与 H_2 成比例,作功能力和 H_3 成比例。但实际上因每个人身体素质不同,常有20%以上的偏差。

②自行车骑行的原动力,主要是骑车人的下肢肌力。人骑车时,骨骼肌肉内部的化学能转换为肌肉收缩的机械能。自行车脚蹬的转动就是通过腿肌收缩出力而完成的,一般来说腿肌长的人比腿肌短的人有力。肌肉收缩时产生的力,一般与肌

肉的截面积成比例,为 40 ~ 50 N/cm²,通过一定训练的人可提高到 65 N/cm²。

③人输出的功率随着骑车人的体格、体力、骑车姿势、持续时间和速比等的变化而变化。一般成年男人的最大输出功率约为 0.7 马力(0.51 kW),能持续 10 s 左右。如果持续时间长,其值要小得多,持续 1 h,只有 1.0 ~ 0.7 马力(0.07 ~ 0.15 kW)。

④人的脚踏速度自行车运动是很有节奏的,其节奏常常与人的心脏节律保持一定关系。健康人的心脏跳动为 70 次/min,一般脚踏转速以 60 r/min 的节奏转动较为合适。设计时以这一常用速度来确定相关设计参数。

⑤骑车人本身的平衡机能是影响自行车性能的重要因素,如果缺少平衡机能,哪怕是运动性能很好的自行车也不能平稳行驶;若人有很好的平衡机能,却可掩盖自行车设计上的某些缺陷。

⑥影响刹车性能的人为因素主要是人为手和握力,男性和女性,成年人和儿童,手的大小和握力都不相同。据试验,为了长时间施闸而不致使手有疼痛的感觉,希望只用最大握力的 10% 左右便能得到必要的减速度。

⑦人体疲劳和疼痛是对骑车出力性能的不利因素,其产生原因有人体因素,也有自行车结构因素。疲劳和疼痛一般是由于部分肌肉负担过大,骑车姿势不合适,以及体重对鞍座的体压分体不合适等引起的。此外,影响出力因素还有人的最大摄氧量。

三、自行车设计结构要素分析

影响自行车性能的因素除了上述人的因素外,还有许多机械因素,如图 8-6 所示。为了获得自行车较佳的性能,必须把人的因素与机械因素有机地结合起来,以使人—车协调。为此,应着重分析与人体相关的结构要素。

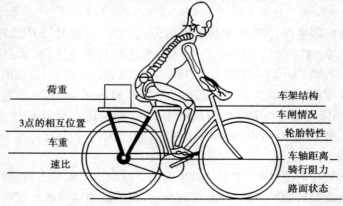

图 8-6 影响自行车性能的机械因素

1. 速比

大小链轮的齿数比,与链轮直径比相一致,一般控制为 2.3~4.0。利用速比关系可取得骑行时所必要的功率和必要的速度。速比要合适,如果太小,无论人的肌力有多大,由于不能充分提高转速,所以就得不到大的输出功率。也由于速比小,在限定的曲柄转速下,得不到必要的骑行速度(后轮转速)。速比过大时,要求的踏力也大,容易使人疲劳。为了保持不疲倦的持续骑行,希望肌肉的负担约为最大肌力的 10%,按此选择速比和曲柄转速,可得到比较好的效果。

2. 曲柄长度

传统的自行车设计,一般从杠杆原理考虑比较多,对人的研究较少,认为曲柄越长越有力。曲柄过长后,为了不使脚蹬碰到前泥板,不得不加大中轴至前轴的距离(前心距)。这样势必加长车架,影响了正确的坐车姿势,使人感到臀部痛。若能按人的身长或下肢长来考虑曲柄长度,则可使人省力和舒适。通常曲柄长度的基准,取人体身长的 1/10,也相当于大腿骨长的 1/2。

3. 三接点位置

正确的骑车姿势,是由骑车人和自行车 3 个接点位置决定的,如图 8-7(a)中所示的鞍座位置 A、车把位置 B、脚蹬位置 C。按三点调整法,AB 和 AC 约等,一般 $AB = (AC - 3)$cm,A 点略低于 B 点,约为 5 cm。

4. 鞍座位置

鞍座装得过低,骑行时双脚始终呈弯曲状态,腿部肌肉得不到放松,时间长了就会感到疲软无力;鞍座装得过高,骑行时腿部的肌肉拉得过紧,脚趾部分用力过多,双脚也容易疲劳。骑车时适当的用力部位是脚掌。设计或校正鞍座位置高低最常用的方法,是使手臂的腋窝部位中心紧靠鞍座中部,使手的中指能触到装配链轮的中轴心为宜。人体各部尺寸都有一定的联系,只要腋窝中心至中指的长度确定下来,鞍座高度便可大致确定。行驶较快的车,鞍座位置要向前移动,行驶较慢的车,鞍座位置要向后移动,否则都不利于骑行,如图 8-7(b)、(c)所示。

5. 车闸

设计时,闸把开挡、力率和闸把力要与人手的大小和握力相适应。灵敏度高的车闸,随着闸把上力的增大,刹车力也按比例地增加。如果闸把力到达某一程度不发生刹车作用,继而又骤然生效,说明这种车闸设计不良。在紧急情况下操纵时,理想的施闸力和减速度见表 8-3。

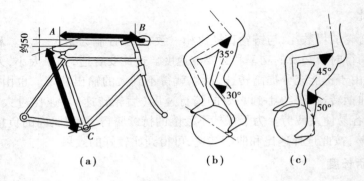

图 8-7 自行车设计结构要素

表 8-3 理想的施闸力和减速度

闸把闸力/N	相对握力/%	减速度	说　明
60	10	0.1 g	控制下坡速度
350	70	0.6 g	全刹车
500	100	0.8 g	紧急全刹车

注:$g = 9.8$ m/s^2

四、人—车动态特性分析

1. 动态稳定性

自行车的稳定是行驶过程中的稳定,是一种动态平衡的稳定性。动态稳定性影响到自行车骑行中的动作,包括直进稳定性和前后左右方向的稳定性,如图8-8(a)所示。显然,稳定性对安全行驶是而言是必不可少的特性。

2. 力学特性

自行车行驶在平地上转弯的条件是侧向力(与离心力平衡)与自行车总质量(人和车的质量)的合力作用线要通过轮胎与地面的接触点。这当然与骑车人有关,但更重要的是自行车的造型要有适合这种力学特征的结构形式。

3. 转向特性

自行车转弯时可能有 3 种情况。

人体和车身向内倾的角度相等。即骑车人身体的中心线和车子的中心线一致时,自行车就可以转弯,即所谓中倾旋转,如图 8-8(b)所示;骑车人的倾斜角比车子的倾斜角大时,此时的转弯即所谓内倾旋转,如图8-8(c)所示;骑车人的倾斜角比车子的倾斜角小时,此时的转弯即所谓外倾旋转,如图8-8(d)所示。

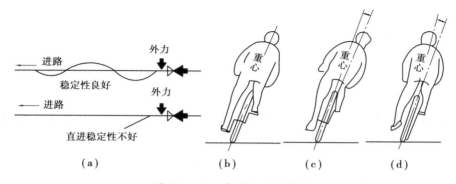

图8-8　人—车系统动态特性

◎ 参考文献

[1] 侯静,钱学森. 关注"人机关系"——访人—机—环系统工程专家龙升照[N].
    科技日报,2001-12-14.
[2] 张洳果,徐国林. 航天生保医学[M]. 北京:国防工业出版社,1999.
[3] 祁章年. 航天环境医学基础[M]. 北京:国防工业出版社,2001.
[4] 张国高,贺涵贞,张伟. 高温生理与卫生[M]. 上海:上海科学技术出版社.
[5] 白恩远,杨硕,王福生. 安全人机工程学[M]. 北京:兵器工业出版社,1996.
[6] 丁玉兰. 人机工程学[M]. 北京:北京理工大学出版社,2005.
[7] 欧阳文昭. 安全人机工程学[M]. 北京:中国地质大学出版社,1991.
[8] 袁克明. 人—机—环境系统[M]. 北京:中国地质大学出版社,1991.
[9] 曹琦. 人机工程设计[M]. 成都:西南交通大学出版社,1988.
[10] 赵铁生,等. 工效学[M]. 天津:天津科技翻译出版社,1989.
[11] 赖维铁. 人机工程学[M]. 武汉:华中工学院出版社,1983.
[12] 李红杰,鲁顺清. 安全人机工程学[M]. 北京:中国地质大学出版社,2006.
[13] 王保国,王新泉,等. 安全人机工程学[M]. 北京:机械工业出版社,2010.